走进3D打印的奇妙世界

贾一斌　李向丽　主编

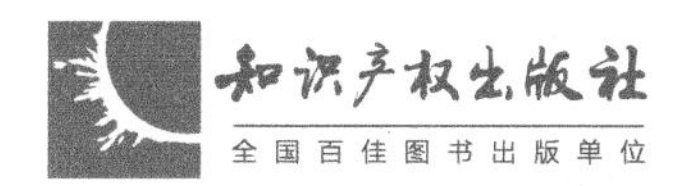

图书在版编目（CIP）数据

走进 3D 打印的奇妙世界/贾一斌，李向丽主编．—北京：知识产权出版社，2016.4
ISBN 978-7-5130-4021-1

Ⅰ.①走… Ⅱ.①贾… ②李… Ⅲ.①立体印刷—印刷术—教材 Ⅳ.①TS853

中国版本图书馆 CIP 数据核字（2016）第 008604 号

内容提要

本书整体地介绍了 3D 打印技术在日常生活生产中是怎样工作的，它既是一本 3D 打印技术知识的普及读本，也是一部学习 3D 打印机操作的工具书，更是培养学生创新思维和创造力的一部教材。

本书共分六个章节，最大的特点是应用了大量的实例演示，可为初学三维建模和初次接触 3D 打印的读者提供参考。

责任编辑：刘晓庆 于晓菲 **责任出版**：孙婷婷

走进 3D 打印的奇妙世界

ZOUJIN 3D DAYIN DE QIMIAO SHIJIE

贾一斌 李向丽 主编

出版发行：	知识产权出版社有限责任公司	**网　　址**：	http：//www.ipph.cn
电　　话：	010-82004826		http：//www.laichushu.com
社　　址：	北京市海淀区西外太平庄 55 号	**邮　　编**：	100081
责编电话：	010-82000860 转 8363	**责编邮箱**：	yuxiaofei@cnipr.com
发行电话：	010-82000860 转 8101/8029	**发行传真**：	010-82000893/82003279
印　　刷：	北京中献拓方科技发展有限公司	**经　　销**：	各大网上书店、新华书店及相关专业书店
开　　本：	720mm×960mm 1/16	**印　　张**：	13
版　　次：	2016 年 4 月第 1 版	**印　　次**：	2016 年 4 月第 1 次印刷
字　　数：	180 千字	**定　　价**：	48.00 元

ISBN 978-7-5130-4021-1

引　言

3D 打印是什么？3D 打印机是什么样子的？3D 打印真能打印出武器和可以食用的食品吗？这一系列问题都随着近几年 3D 打印的逐渐普及而倍受各界关注，同时也引发了大众的阵阵惊叹。

尽管很多人都听说过 3D 打印机，但是并不真正了解它。3D 打印机是一种使用塑料或者金属原料将数字设计转换成 3D 实物的新兴技术，在工业中被称为“增材制造技术”或“快速成型技术”。1984 年，3D 打印技术首次面世，如今已在各行各业都得到了广泛的应用。

如今，3D 打印机也出现在人们的生活中，给人们带来了无限惊喜。例如，3D 打印机已经被运用到了食品、服装、建筑、创意产品、医疗等和日常生活相关的产业中。可以想象，3D 打印机在不久的将来会给人们的生活和经济模式带来多么翻天覆地的变化。

若你和我们一样对 3D 打印技术十分感兴趣，那么这本书正好可以帮助你进一步地了解 3D 打印，了解 3D 打印机。在这本书中，你不仅可以学习关于 3D 打印机的原理和操作步骤，还可以从中了解到更多有关 3D 打印在生活和生产中的运用。

本书整体地介绍了 3D 打印技术在日常生活生产中是怎样工作的，它既是一本 3D 打印技术知识的普及实本，也是一部学习 3D 打印机操作的工具书，更是一部培养学生创新思维和创造力的教科书。

本书共有六章。第一章整体上介绍了 3D 打印技术，重点介绍了 3D 打印技术在各个行业的应用情况。第二章详细地介绍了 3D 打印在各行各业应用中的技术路线。可以说，这一思想也贯穿了整本教材，目的是让读者从整体角度认识3D打印技术，打破读者以前认为3D打印技术仅仅是打印几个模型的观念。第三章、第四章和第五章分别介绍了三种不同技术类型的3D打印机的操作过程，用实例演示了FDM、SLA和面成型三种技术的打印机的操作过程，确保读者可以按照步骤打印出模型 。第六章是基于3D打印的体验与创造力学习系统软件的操作实例。大量的实例演示有助于读者熟练地使用软件，其简单易用的特点为初学三维建模的读者发挥其创造性思维提供了条件。

在本书的编撰过程中，云上动力（北京）数字科技有限公司全体员工付出了辛勤的汗水。这本著作是他们用共同的智慧和汗水培育浇灌出来的成果。这里还要感谢一些学校老师们的大力支持，如北京市知春里中学的张勇老师和苏佳老师，北京市温泉第二中学的夏爽老师，北京市第五十七中学的沈丽老师和刘宁老师。他们以自己丰富的教学经验来提升本书的内容与设计，使其更加符合中学的教学，并适应学生的年龄特点，感谢他们的辛勤付出！

同时，还要感谢北京精优科技教育有限责任公司为我们所提供的技术和人力支持。它们将科技创新项目与多学科相融合，注重学生的创造能力与人文素养的培养。相信这本教材能够更广泛地应用到中小学技术教育的课堂中，将在全国基础教育的领域起到示范作用。

最后，我们还要感谢所有关注3D打印、推广3D打印技术，以及对3D打印机做出过巨大贡献的人们。谢谢大家！

主　　编：贾一斌　李向丽

副 主 编：李敬哲　张　勇　王　丰

编　　委：贾一斌　李向丽　李敬哲　王国强　张　勇　王　丰
苏　佳　夏　爽　沈　丽　刘　宁　刘文红　宫鸣宇

出品单位：云上动力（北京）数字科技有限公司

支持单位：北京市知春里中学
北京市温泉第二中学
北京市第五十七中学
北京精优教育科技有限责任公司
北京优能教育咨询有限公司

目　录

第一章　渐行渐近的3D打印

1.1　什么是3D打印技术

网络时代，随着技术信息的传播，3D打印技术也逐渐走入人们的视野。那么什么是3D打印呢？3D打印是如何出现和发展的呢？3D打印机是如何工作的呢？本书将为读者介绍3D打印技术，解决这些疑问。

3D打印技术，或者称为快速成型技术，是20世纪80年代末至90年代初发展起来的先进的产品开发和快速加工技术。其核心是基于数字化的新型成型技术，它突破了传统的加工模式，不需要机械加工设备就可以制造出实体。尤其是对于形状结构复杂的模型，3D打印具有比传统加工技术更加突出的优势，被认为是近20年来制造技术领域的重大突破。3D打印技术是一个集合多种技术学科于一身的综合技术，包括机械工程、自动控制、CAD、逆向工程技术、分层制造技术、材料科学、激光技术等。3D打印技术可以直接、自动、快速、精确地将设计者的思想转变为具有一定功能的零件，为零件原型的制作、新设计思想的校验等提供一种高效率、低成本的实现手段，从而大大减少了开发周期和开发成本。随着计算机技术的快速发展和三维建模软件的不断推广，越来越多的基于三维建模设计得以开发，使快速成型制造成为可能。现阶段，快速成型制造技术被广泛地应用于航空、医疗、汽车、电子、家电、工业造型和建筑模型等领域。

谈到3D打印技术，笔者联想到《老子》，其中提到："合抱之木生于毫末，九层之台起于垒土，千里之行始于足下。"正是基于这种累积的思想，3D

打印技术才得以成为现实，从毫米级的细丝或更细的粉末开始，通过逐层累积的方式，制造出 3D 物体。3D 打印技术是把所要成型的物体视为由一定数目的层片堆积而成，即所谓的离散/堆积成型方法。与传统的制造工艺不同，离散/堆积成型是从成型物体的 CAD 实体模型出发，通过三维立体制图软件建模或者三维扫描仪转化为三维数字立体模型，通过该模型生成“stl”格式的文件，然后利用分层软件把该模型进行分层处理，即沿着 Z 轴进行离散，得到一系列具有一定厚度的层片。把利用分层软件处理过的文件转移到相应的快速成型机，将生成的一系列层片堆积起来，经过后期处理，就可以得到我们所需要制作的模型。3D 打印技术制作零件的流程图，见图 1-1。

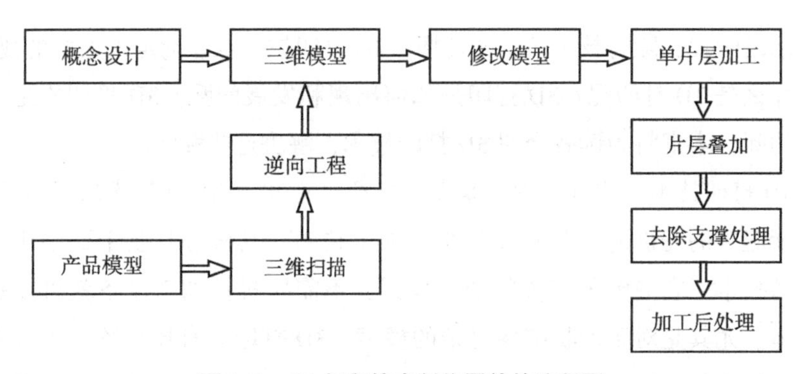

图 1-1　3D 打印技术制作零件的流程图

从图 1-1 中可以看出，三维扫描逆向工程也是 3D 打印过程中的重要一环。三维扫描并不是单纯的模仿与复制，而是对原有设计和技术的继承和再创造。

1.2　快速成型技术的主要特点

1. 制作的快速性

从 CAD 设计到原型零件制成，一般需要几个小时至几十个小时。从整个制作过程来看，其速度比传统的成型方法要快得多，因此在对新产品的研发和测试上，快速成型技术比传统制造方法具有无法比拟的优势。

2. 设计制造一体化

落后的 CAPP（Computer Aided Process Planning）是指借助于计算机软硬件技术和支撑环境，利用计算机进行数值计算、逻辑判断和推理等功能来制定零件机械加工工艺的过程。这一直是实现设计制造一体化较难克服的一个障碍。而对于快速成形来说，由于采用了离散堆积的加工工艺，CAPP 已不再是难点，CAD（计算机辅助设计软件工具）和 CAM（数控机床）能够很好地结合起来。

3. 自由成形制造

开发者可以根据自己的需要在建模软件上自由地设计出模型，无关乎模型结构的复杂程度。只要模型设计出来，通过切层软件进行切层和添加支撑就可以进行打印。

4. 使用材料的广泛性

快速成形技术可以制造树脂类和塑料类原型，还可以制造出纸类、石蜡类和复合材料，以及金属材料和陶瓷材料的原型。随着材料科学与工程的研究和发展，相信未来根据人们的需要可用于 3D 打印的材料会更加层出不穷。

5. 技术的高度集成性

快速成型技术集合了计算机、数据、激光、材料和机械各门学科和技术，只有在计算机技术、数控技术、激光器件和功率控制技术高度发展的今天，才可能诞生并且带动快速成形技术的快速发展，因此快速成型技术具有鲜明的时代特征。

6. 加工特点

快速成型技术突破了“毛坯—切削加工—成品”的传统的零件加工模式，开创了不用刀具制作零件的先河，是一种前所未有的薄层迭加的加工方法。与传统的切削加工方法相比，快速原型加工具有以下五个优点。

(1) 可迅速制造出自由曲面和更为复杂形态的零件，如零件中的喇叭槽、凸肩和空心部分等。零件的复杂程度和生产批量与制造成本基本无关，大大降低了新产品的开发成本和开发周期。

（2）属非接触加工，不需要机床切削加工所必需的刀具和夹具，不受刀具磨损和切削力的影响。

（3）无振动、噪声和切削废料。

（4）可实现夜间完全自动化生产。

（5）加工效率高，能快速制成产品实体模型和模具。

1.3 3D 打印主要技术

快速成型技术有多种实现工艺，这些工艺大同小异，但基本原理相同，都是将三维模型的制作转化为二维材料的累积过程，只不过基于所用材料和制作工艺不同。快速成型主要分为以下四种类型：光固化成型、熔积成型、选择性激光烧结和薄材叠层制作。

本章将为读者简单介绍这四种工艺的基本原理，本书的其他章节将分别介绍各种工艺和采用各种工艺的制造过程。

1. 光固化快速成型工艺（Stereo lithography apparatus，SLA/SL）

光固化快速成型是目前应用最为广泛的一种快速制造工艺。该工艺由 Charles Hull 于 1984 年获得美国专利，是最早发展起来的快速制造工艺。它是以光敏树脂为加工原料，根据模型分层的横截面数据，计算机控制紫外激光束在光敏树脂表面进行扫描，使其固化生成零件，每次产生零件的一层。在每一层固化完毕后，工作平台向下移动一个层厚的高度，然后将光敏树脂附在前一层固化的模型之上，紫外激光再次扫描；如此循环往复，每形成新的一层均附黏在前一层上，直到完成零件的制作。

2. 熔融沉积制造工艺（Fused deposition modeling，FDM）

熔融沉积又称熔丝技术，它是将热熔性的丝状物熔化，通过带有一个微细喷嘴的喷头积压出来。FDM 所使用的熔丝材料主要是 ABS、人造橡胶、铸蜡和聚酯热塑性材料等。FDM 工艺的关键是保持半流动成型材料刚好在凝固点之上，通常控制在比凝固点高 1℃左右。FDM 喷头受水平分层数据控制，当它在水平面沿着 XY 方向移动时，半流动熔丝材料会从 FDM 喷头挤压出来，很快凝固，形成精确的层。然后，工作台向下移动一个层的厚度的距离。每层厚度方位在 0.025~0.762 mm，这样一层一层叠加，最后形成整体。

3. 面打印快速成型技术

面打印快速成型技术和激光快速成型技术工艺类似，都是以光敏树脂材料为加工材料，通过激光进行固化。不同的是，激光快速成型技术是根据计算机控制按照成型的实体利用激光束进行逐次扫描；面打印快速成型技术是根据计算机控制对截面进行整体曝光，类似于常见的幻灯片的放映。在有图文的地方就会有激光的照射，每次照射都会让其固化，这样一层一层固化，逐渐形成三维实体，经过后期处理就可以得到开发者想要的零件了。

4. 选择性激光烧结（Selective laser sintering，SLS）

选择性激光烧结是 Carl Deckard 依据他在 Texas 大学的硕士学位论文发展起来的，这种方法在 1989 年获得专利。SLS 方法采用 CO_2激光器作能源。目前，使用的造型材料多为粉末材料，如尼龙粉、弹性聚合物粉或金属粉末。在加工时，首先先将粉末预热到稍低于其熔点的温度，然后在刮平轮的作用下使粉末铺平。CO_2激光束在计算机的控制下根据分层界面的信息进行选择性烧结。烧结一层完成后，工作台向下移动一个层厚的距离，再进行下一层的烧结。全部烧结完成后，去除多余的粉末，然后进行打磨、烘干等后期处理后就可以得到一个烧结好的零件。

1.4　快速成型技术的应用

3D 打印技术是产品设计与制造领域的一场革命，它穿越了虚拟世界和实体世界之间的鸿沟。2012 年，《经济学人》《福布斯》等杂志都撰文称 3D 打印将引发“第三次工业革命”，期望以此为契机使制造业重新回到欧美等发达国家。2012 年 8 月，美国总统奥巴马拨款 3000 万美元，在美国俄亥俄州建立了国家级 3D 打印添加剂工业研究中心，并计划第一步投入 5 亿美元用于 3D 打印，也同样寄希望于制造业重返欧美。3D 打印具有诸多优点，也正是这些优点燃了全球“第三次工业革命”的导火索。从目前来看，3D 打印技术更加适用于个性化定制需求。在目前产品更新换代较快的市场环境下，3D 打印可使从设计到推向市场的时间（包括样件的制造、实验测试、模具制造）大幅缩短。3D 打印技术被广泛地应用于产品的开发设计阶段的原型制作、高度定制产品的制作和小批量的产品生产。

3D 打印需要依托多个学科领域的尖端技术，在航天航空、汽车应用、家电应用、生物医学等领域都有一定的应用，见图 1-2。下面将对主要领域进行介绍。

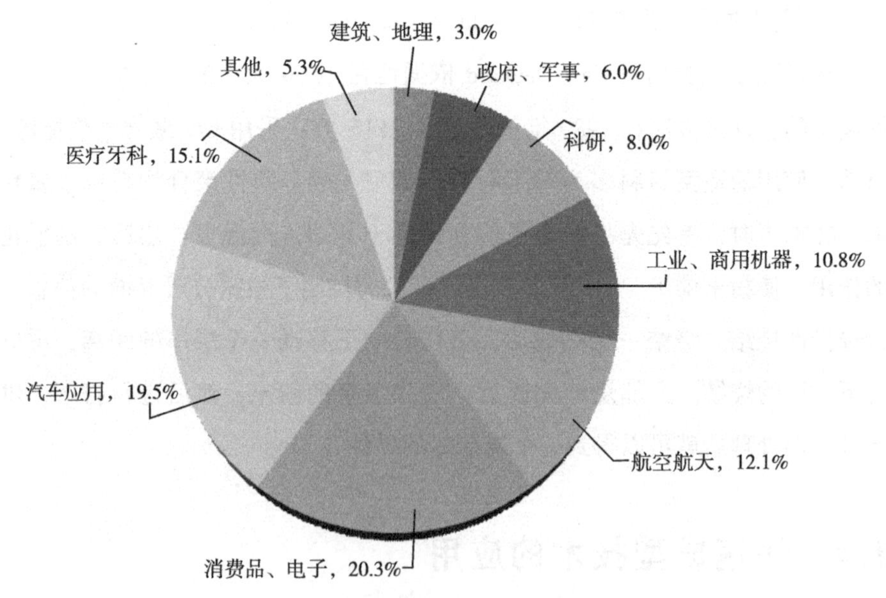

图 1-2　3D 打印技术在各个行业的应用比例

（1）生物医疗。3D 打印可应用于制造人造骨骼、牙齿和假肢等，见图 1–3。

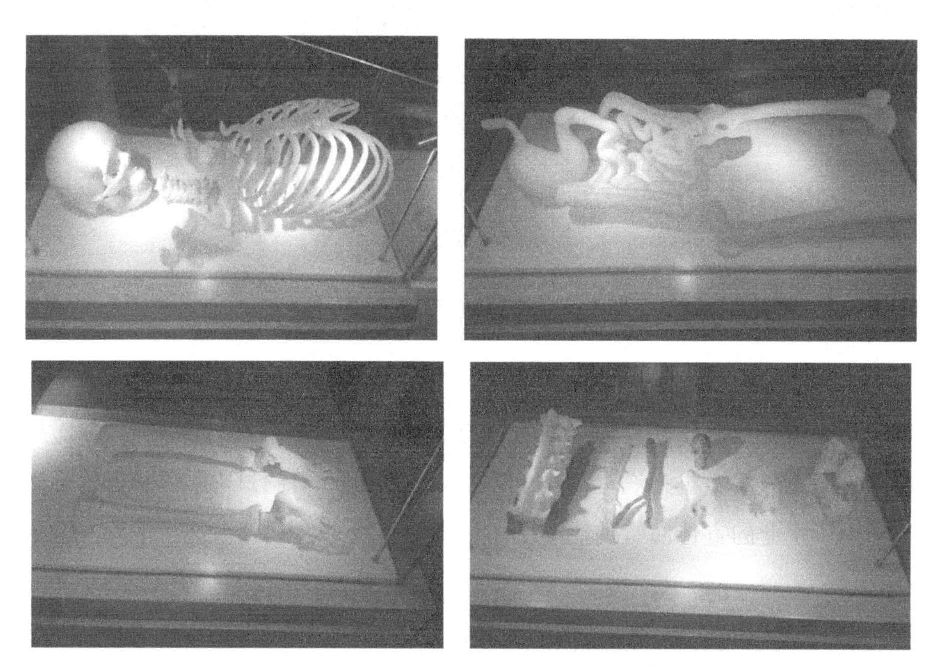

图 1–3　3D 打印在医学领域的应用

（2）航天航空和国防军工。3D 打印可应用于直接制造形状复杂、尺寸微小和性能特殊的零部件等，见图 1–4。

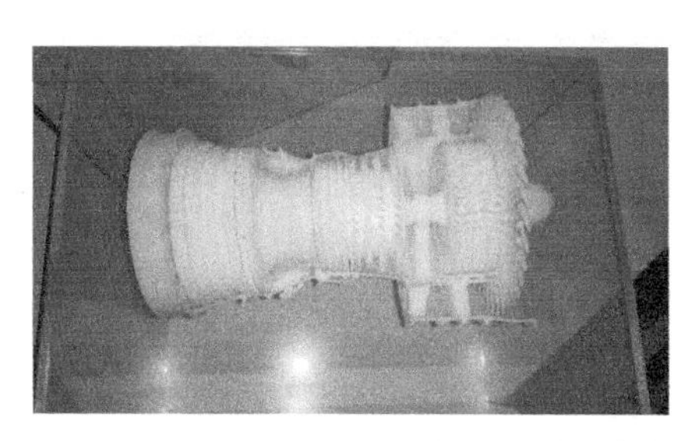

图 1–4　3D 打印在航天军工领域的应用

（3）消费品。3D 打印可用于珠宝、服饰、鞋类、玩具、创意 DIY 作品的设计和制作，见图 1–5。

图 1-5　潮流设计中的 3D 打印

（4）工业制造。3D 打印可应用于产品概念设计、原型制作、产品评审、功能验证；制作模具原型、直接打印模具，甚至直接打印产品。3D 打印的小型无人机、小型汽车等概念产品已经问世，3D 打印的家用器具模型也被用于企业的宣传和营销活动中。见图 1-6。

图 1-6　3D 打印在工业制造领域的应用

（5）建筑工程。3D 打印可应用于建筑模型效果展示、建筑工程施工模拟等。近期也不乏有关 3D 打印房子的报道。见图 1-7。

图 1-7 从模型到真实的建筑物

（6）教育研究。用 3D 打印的模型来验证科学假设，用于不同科学实验和教学。在学校开设 3D 打印创新课程，不仅有利于提高学生的学习兴趣及创新思维，而且还有助于培养学生动手动脑的学习习惯。见图 1-8。

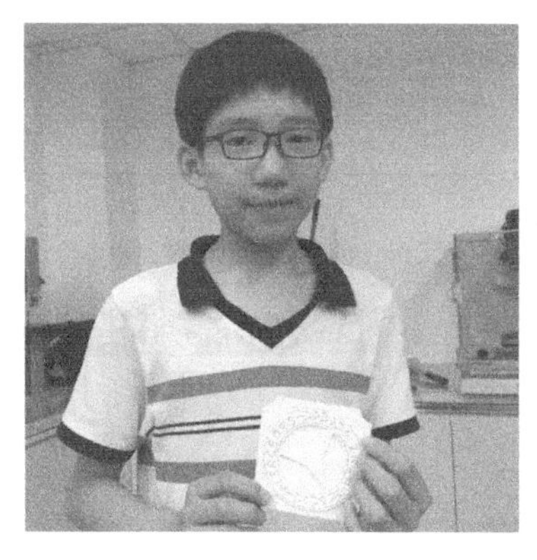

图 1-8 学生参与设计并打印 3D 模型

第二章　3D 打印的工作流程

通过第一章的学习，我们了解了 3D 打印的相关知识，知道了 3D 打印在各个行业中的应用案例。马克思主义哲学思想中普遍联系的观点指出："世界上一切事物都是是普遍联系的。" 3D 打印在各行各业的应用也并不是单一 3D 打印机能够实现的，3D 打印只是整个工作流程的一部分。3D 打印技术在实际应用中需要经过数据建模、打印模型、对模型进行打磨抛光等后处理工序、测量与质量检测、模具生产、喷漆上色等工序。下面我们就一起去更深入地了解一下 3D 打印技术的工作流程。

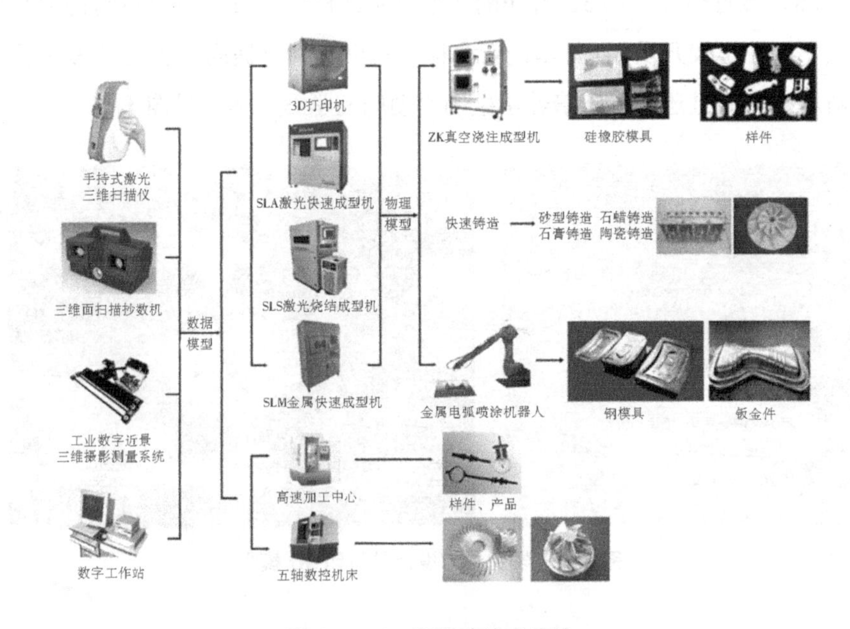

图 2-1　3D 打印的技术路线

2.1 建模

我们知道，要使用3D 打印技术首先要有三维数据模型。目前，得到三维数据主要有两种形式，即 CAD 软件设计和逆向工程。下面将分别介绍这两种技术方式。

2.1.1 CAD 软件设计

利用计算机及其图形设备帮助设计人员进行设计工作，简称 CAD (Computer Aided Design)。在 3D 打印领域，常见的 CAD 软件有美国 Autodesk 公司的 AutoCAD、3Dmax、123D 和玛雅等。工业上常用的软件有 PRO-E、UG 和犀牛等。这些软件是非常专业的建模软件，可以做出非常复杂和酷炫的造型。它们对于高等教育的设计专业来说是非常实用的建模工具。但是同时，我们要花费很大的时间和精力来学习怎样使用软件建模。这对于中小学生和初学 3D 建模者来说还是有一定的困难的。随着 3D 打印技术的逐渐成熟和普及，简单和快速建模成为了 3D 建模软件的趋势，这样的软件也越来越多地进入我们的世界。比如，云上动力（北京）数字科技有限公司开发的基于 3D 打印的体验与创造力学习系统就是简单易学的非常适合中小学及 3D 建模初学者的软件。3D 打印体验与创造力学习系统是一款结合 3D 打印机的寓教于乐的 3D 体验与设计创新软件，内含创造力培养软件——3D 创意模型资源库、3D 浮雕、2D 转 3D、3D 快速建模和 3D 积木。与专业的 3D 软件不同，3D 打印体验与创造力学习系统通过直观简单的操作实现快速的 3D 设计，能很快帮助中小学生树立三维概念，并拓展三维空间理解力。因此，它是学习 3D 建模，激发学生 3D 创造力的最佳工具。

2.1.2 逆向工程

逆向工程，又称反求工程（Reverse Engineer—ing），大多数有关逆向工程技术的研究都集中在几何形状，即重建产品实物的 CAD 模型方面。在这一意义下，逆向工程是指将实物模型转变为 CAD 模型，进而制造出同类新产品的相关的数字化技术和几何模型重建技术的总称。在这个过程中，三维扫描仪和 3D 建模软件发挥着无可替代的作用。

逆向工程为了满足先进制造技术的快速发展，提供了一个全新、高效的重构手段，实现了从实物模型到几何建模的直接转换。逆向工程技术不是一个孤立的技术，它和测量技术及现有 CAD/CAM 系统有密切的联系。在高校中，建设逆向工程实验室将会提高学生的计算机辅助测量水平、产品的质量评估能力和设计能力。在中小学阶段，它可以让学生了解产品的制作流程和工艺，帮助学生开拓创新思维和创新能力。

下面，我们将列举实例来演示三维扫描的工作过程。

1. 案例一：泥塑—奔马

下图是对已经完成手工泥塑作业的奔马雕塑进行三维扫描，迅速采集其三维的立体数据后，可直接用于雕刻机或数控机床进行刀路作业或打印作业。学生手工塑造的艺术模型可通过三维扫描仪扫描后获得立体数据。在此三维数据的基础上，通过 3D 软件进行任意编辑、修改直至将模型修正到最佳状态后，可直接用于打印或雕刻。

手工泥塑奔马实物图，见图 2-2。

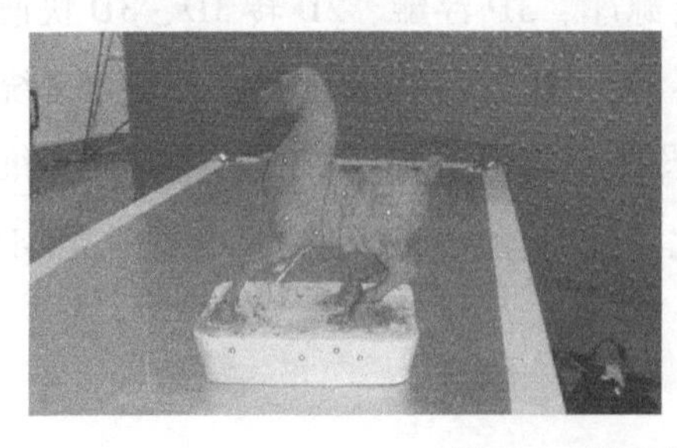

图 2-2 手工泥塑奔马实物图

进行三维数据采集，见图 2-3。

图 2-3　三维数据采集

三维扫描后的 STL 数据，见图 2-4。

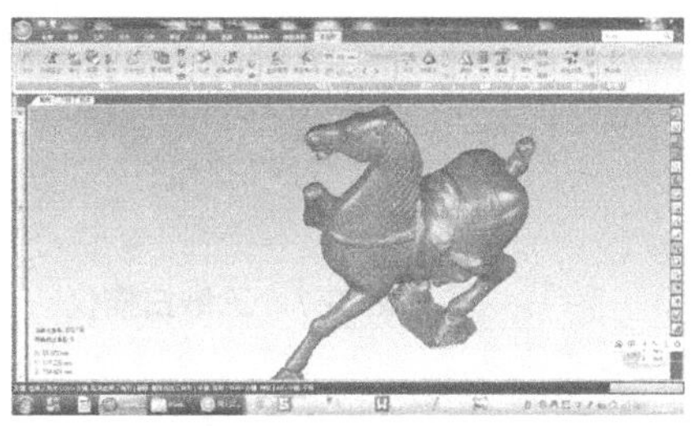

图 2-4　三维扫描后的 STL 数据图

扫描数据直接用于数控机床或雕刻机，见图 2-5。

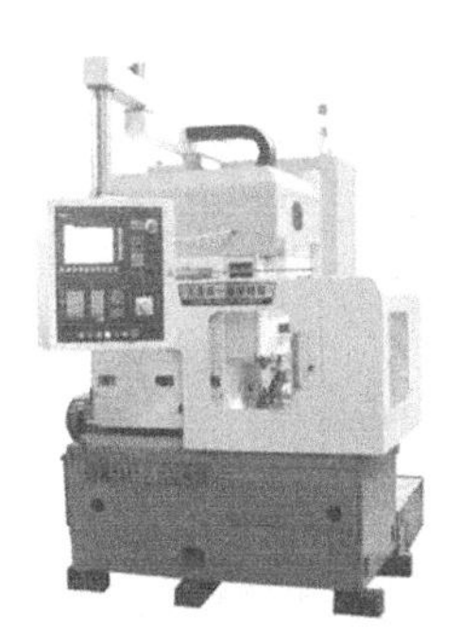

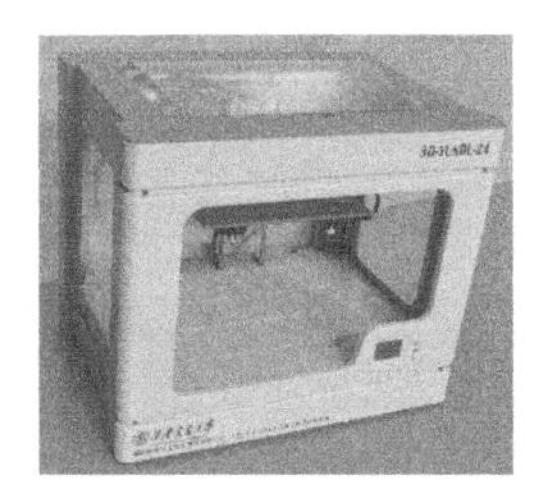

图 2-5　扫描数据直接用于数控机床或雕刻机

2. 案例二：雕塑一尊佛像

雕塑的实物图、三维数据和 3D 打印图见图 2-6，三维扫描仪和 3D 打印机见图 2-7 和图 2-8。

图 2-6　实物图——→三维数据——→3D 打印

图 2-7　三维扫描仪

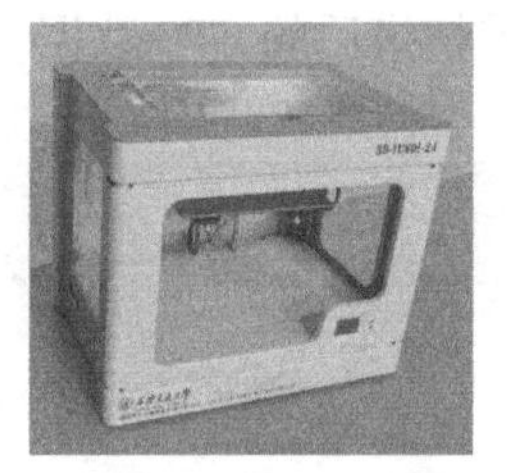

图 2-8　3D 打印机

3. 案例三：博物馆数字化

在我国各类博物馆里，大量的馆藏文物没有机会被世人欣赏，进入陈列室的文物往往只是最大限度地被观众隔着玻璃罩子观看。只有彩色数据造型才能破除这些限制，结合 3D 打印可以给文物产业化提供助力。文物及其 3D 打印复制品见图 2-9。

图 2-9　文物及其 3D 打印复制品

利用三维扫描与 3D 打印技术，学生可充分发挥自己天马行空的想象力，无论结构的复杂程度，都可在短时间内将想象中的创意变成现实中的实体，节约了创作的时间，有助于学生集中精力专心思考创作，这将极大地激发学生的创作兴趣及创作灵感，提高学生的创新能力，培养出优秀的艺术人才。

2.2　打印

3D 打印技术其实就是将我们的创意和想法变成现实的工具，有了这个工具，就可以很方便地制作出自己设计的作品，使个性化定制不再成为少数人的奢侈品。我们可以在教师节的时候给老师送上自己独一无二的礼品，或是在创意设计大赛上任意展现自己的设计才华，更可以在家里的吸尘器缺少零件却怎么也买不到配件时随手设计并打印一个安装使用。而我们要做的，仅仅是处理好数据并按下打印机按钮。FDM 桌面机打印作品见图 2–10。

图 2–10　FDM 桌面机打印作品

2.3　后处理及质量检测

2.3.1　3D 打印模型的后处理

3D 打印模型的后处理就是将 3D 打印机打印出的模型进行去支撑、打磨、抛光等处理，使其达到设计使用要求。一般情况下，支撑结构使用的材料与模型的材料是不同的，它采用的是容易去除的特殊材料。目前，市面上3D打印机比较容易去除的支撑材料有：可以溶于水的凝胶状支撑材料、可溶于碱性溶液的支撑材料，以及可溶于酒精的支撑材料等。采用这些特殊材料作为支撑结构的3D打印模型，只要把它放入水、碱性溶液或者酒精等特定溶液中就可以自行脱掉支撑了，但一般这些支撑材料要比模型的材料贵一些。而基于光固化成型（激光快速成型机和面成型机）的立体模型与支撑部分采用了相同的材料，采用缩小立体模型与支撑部分的边界面等方法就可以轻松地去除掉支撑。如果没有使用这些特殊材料做支撑，那就只能借助小刀、钳子等工具人工去除了。处理的时候，要特别小心以免损坏模型，毛边可以通过打磨和抛光作进一步处理。去除支撑结构的前后对比图，见图2-11。

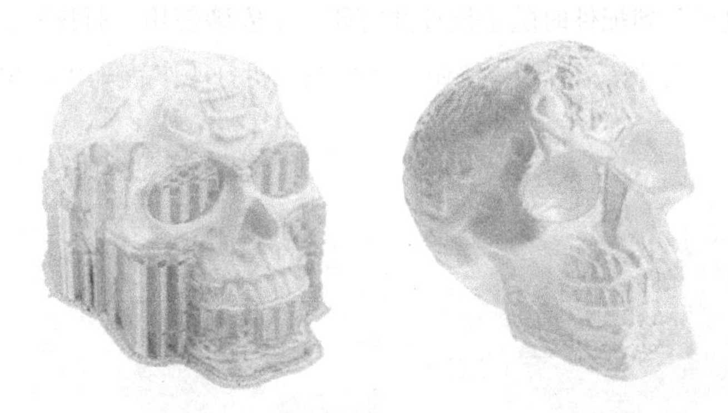

图2-11　去除支撑结构的前后对比图

2.3.2　三维扫描用于产品质量检测

基于三维扫描仪采集的数据基础上，出具的对比报告可与原设计图纸的数据进行比对，用于产品质量的筛选与控制，具体步骤如图2-12所示。

a. 实物

b. 点云

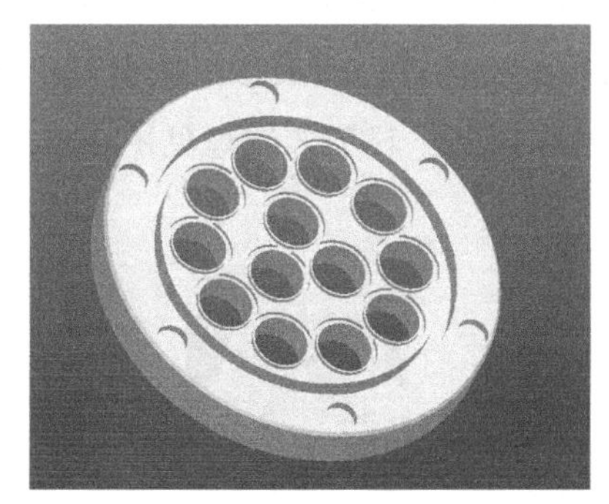

c. 实体文件

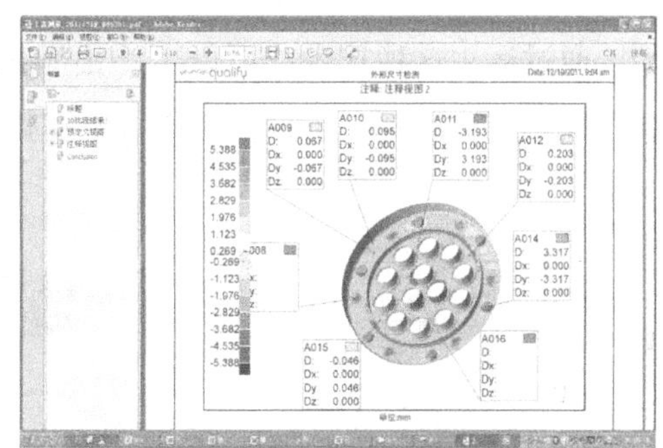

d. 对比报告

图 2-12　锚垫板三维数据采集过程

2.4　模具生产

模具制造的种类比较多，常见的有砂型铸造、石蜡铸造、陶瓷型精密铸造、石膏型铸造和硅胶铸造等。其制作原理基本相同，都是将液体材料浇筑成具有与零件形状相适应的铸型空腔中，待其冷却凝固后以获得零件或毛坯的方法。下面以硅胶铸造为例，介绍一下模具生产的情况。

所需设备：真空注型机。

设备概况：根据成型模具材料或零件材料的固化要求，将材料按一定的比例混合后放入容器中，然后将容器放入真空浇铸机中，抽真空并搅拌混合材料。抽真空的目的是为了排除在搅拌过程中和化学反应中所产生的气泡。材料被充分搅拌后，浇注到模架或模具中，待固化后成型出模具或产品零件。

性能描述：该设备可用于制造业领域的快速模具制造，完成硅胶模具、聚氨脂模具及小批量注塑零件真空浇注成型。其特点是复杂形面的零件脱模容易，无需考虑分型面及拔模角度；具有抽真空速度快、搅拌均匀和成本低的优点。

真空注型工艺实例

硅橡胶真空注型的工艺：硅橡胶真空注型是一种最常用的快速模具技术，通过运用这种技术，可以生产出满足各种功能特性的类似工程塑料产品，同时还可以进行小批量生产。以车灯制作为例，其工艺流程见图 2-13 所示。

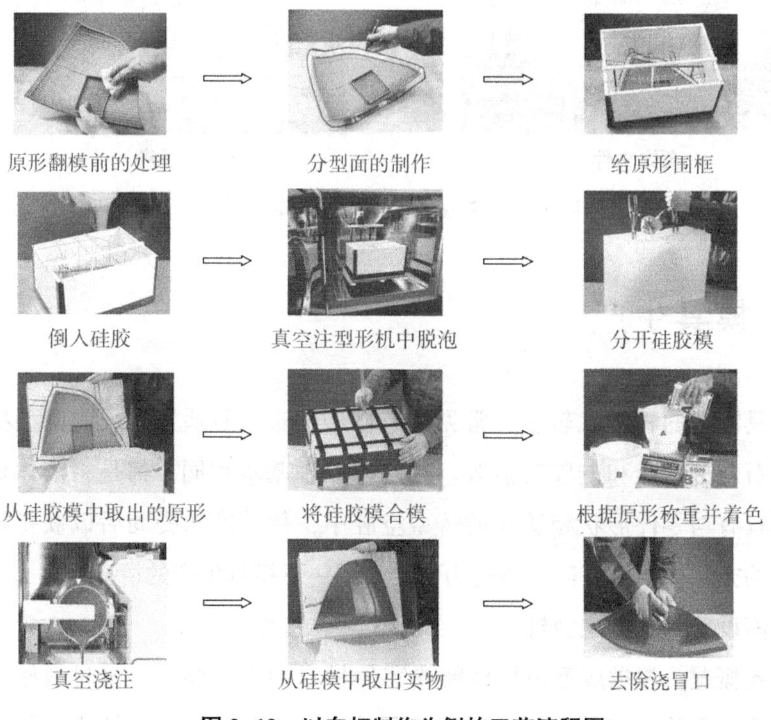

图 2-13　以车灯制作为例的工艺流程图

2.5　喷漆上色

目前的3D打印机都只能打印单一颜色的模型，虽然有全彩色的打印机，但是由于价格和材料因素，仅在极少数行业使用。要制作出漂亮、逼真的模型，还要进行最后一道工序——上色。

上色的工艺有很多，如果只是需要单一的颜色的模型，可以使用自喷漆或者烤漆；如果需要彩色的模型，可以用普通的彩笔来上色，但这需要一定的美术功底。如果你想做出大师级的作品，也可以用专业的喷笔来上色。

喷笔是一种精密仪器，能制造出十分细致的线条和柔软渐变的效果。喷笔的艺术表现力惟妙惟肖，物象的刻画尽善尽美、别具一格，明暗层次细腻、自然，色彩柔和。喷笔的用途非常广泛，喷笔最大的用途是用于模型制作时的上漆。随着科学技术的飞速发展，喷笔使用的颜料日趋多样化和专业化，同时喷笔应用的范围也越来越广。模型上色效果见图 2-14。

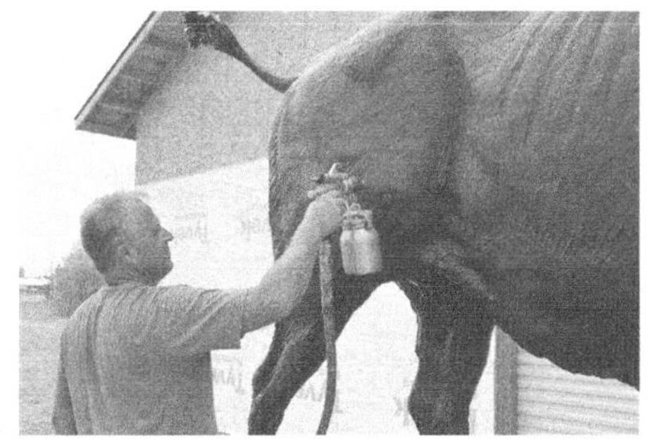

图 2-14　模型上色效果

第三章　FDM 桌面型设备

FDM 桌面型设备是 3D 打印机中最常见的一种，由于其体积小巧，造价和耗材相对低廉，已经大量存在于市场之中。又因其开源的特性，每一个普通人都可以从市场上很方便地买到零部件来组装自己的 3D 打印机。低成本的 3D 打印机是设计师、教学和办公的得力帮手。它在任何时间都能便利、及时地将设计图稿转化为成品，使生动直观的教学形式成为可能。双色打印机见图 3-1。

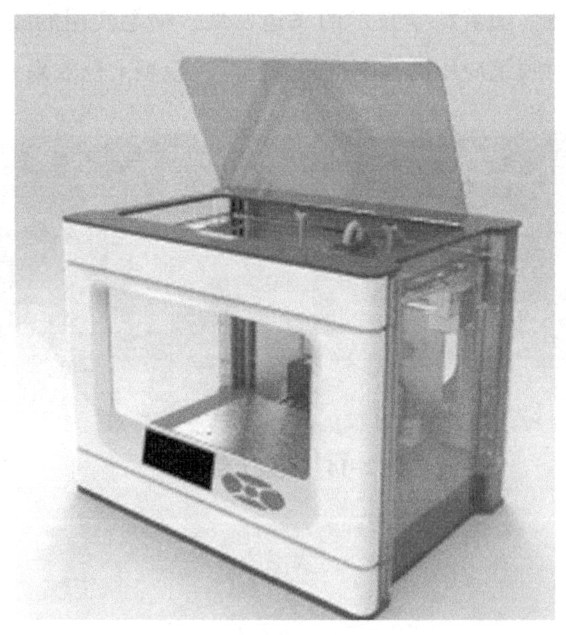

图 3-1　双色打印机（3D-YUNDL-24）

3.1 设备介绍

3.1.1 原理

3D 打印技术利用普通打印机的原理，利用计算机处理好数据，把原料装入机身，通过控制主板的控制，用打印头将原料逐层累积起来，最后将计算机上的设计图变成实物。

FDM 设备的加热喷头受计算机控制，根据水平分层数据作 x-y 平面运动。丝材由送丝机构送至喷头，经过加热、熔化，从喷头挤出黏结到工作台面，然后快速冷却并凝固。每一层截面完成后，工作台会下降一层的高度，再继续进行下一层的造型。如此重复，直至完成整个实体的造型。每层的厚度根据喷头挤丝的直径大小确定。

3.1.2 组成

3D 打印机是由数据处理软件、电器控制部分和机械部分三大部分组成。

1. 数据处理软件

数据处理软件的作用是将三维的数据模型转换成 3D 打印设备能够读取的格式，经常用到的软件有 Click 和 ReplicatorG。

2. 电器控制部分

电气控制部分是 3D 打印机的核心，是控制整个设备运行的中枢。其实它就是一台单片机电脑，作用是按照分层程序控制机械部分。

3. 机械部分

机械部分主要是由电机、喷头、丝杠和传动装置等部件组成的。其作用是将打印材料加热熔融，然后再按照既定程序挤出成型。机械部分及打印过程见图 3-2。

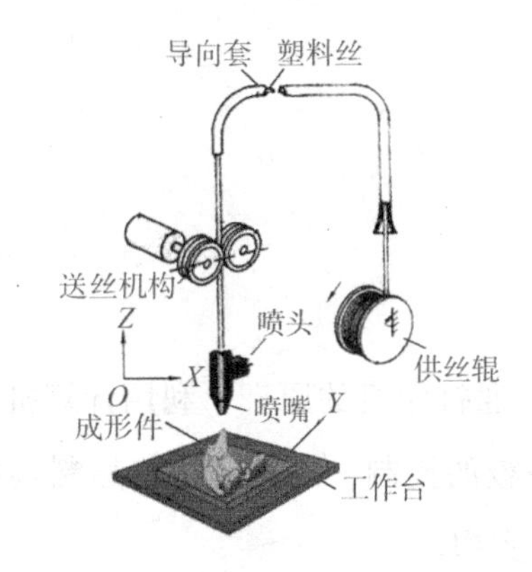

图3-2　3D打印机机械部分和打印过程示意

3.1.3　材料

FDM的材料一般是热塑性材料，如ABS、PLA、PC、尼龙等，以丝状供料。本打印机主要使用的材料是ABS和PLA。

1. ABS

ABS是丙烯腈、丁二烯和苯乙烯的三元共聚物。其中，A代表丙烯腈，B代表丁二烯，S代表苯乙烯。ABS是五大合成树脂之一，应用也最为广泛，见图3-3。

a. ABS原料

b. ABS丝材

图3-3　ABS示例

优点：

（1）ABS 是一种综合性能十分良好的树脂，在比较宽广的温度范围内具有较高的冲击强度和表面硬度，热变形温度比 PA、PVC 高，尺寸稳定性好。

（2）ABS 的耐磨性能优良，尺寸稳定性好，又具有耐油性，可用于中等载荷和转速下的轴承。

缺点：

ABS 的弯曲强度和压缩强度属塑料中较差的。ABS 的力学性能受温度的影响较大。

2. PLA

PLA，聚乳酸全名为 Poly Lactic Acid，学名为 polylactide。聚乳酸也称为聚丙交酯（polylactide），属于聚酯家族。聚乳酸是以乳酸为主要原料聚合得到的聚合物，原料来源广而且可以再生，主要以玉米、木薯等为原料。聚乳酸的生产过程无污染，而且产品可以生物降解，实现在自然界中的循环，因此是理想的绿色高分子材料。聚乳酸为一种多用途可堆肥的高分子聚合物，完全由植物中萃取出淀粉→经过发酵→去水→聚合等过程制造而成，无毒性。PLA 示例见图 3-4。

聚乳酸（H-［$OCHCH_3CO$］n-OH）的热稳定性好，加工温度 170℃ ~ 230℃，有良好的抗溶剂性，可采用多种方式进行加工，如挤压、纺丝、双轴拉伸和注射吹塑。

a. PLA 原料

b. PLA 丝材

图 3-4 PAL 示例

优点：

（1）聚乳酸是一种新型的生物降解材料，使用可再生的植物资源（如玉米等）所提出的淀粉原料制成，安全可降解。聚乳酸可以用于制作医用的注射用具。

（2）聚乳酸的机械性能及物理性能良好，适用于吹塑、热塑等各种加工方法，加工方便，应用十分广泛。

（3）聚乳酸可以广泛地用来制造各种应用产品，具有良好的光泽性和透明度。

3.2 处理软件介绍

3.2.1 软件简介

用来处理打印机数据的软件叫作 Click 和 ReplicatorG。这两款软件的主要功能是将三维的数据模型转换成打印机能够识别的一片片的二维数据，俗称切片。ReplicatorG 打开整体界面见图 3-5。

图 3-5 ReplicatorG 打开整体界面

3.2.2　功能介绍

1. 视图

默认的工具栏，在这个工具栏中，可以调整观察物体的视角，见图3-6。

2. 移动

点击后会跳出一个工具栏，在里面可以移动模型，见图 3-7。

选择其中的“居中”和“放置到平台”，可以确保模型在正确的导向位置。这两个是必选项，可保证模型和工作台紧挨且在中心处。

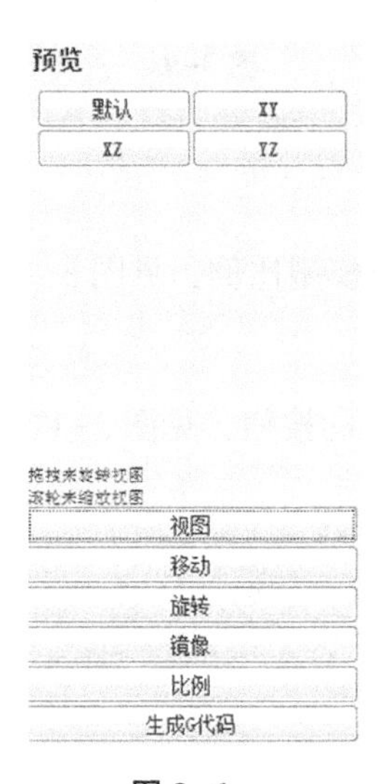

图 3-6

图 3-7

3. 旋转

点击“旋转”，在这个工具栏里，可以实现在 XYZ 轴上旋转模型，见图3-8。

4. 镜像

点击“镜像”，在这个工具栏里，可以对模型做镜像操作，见图 3-9。

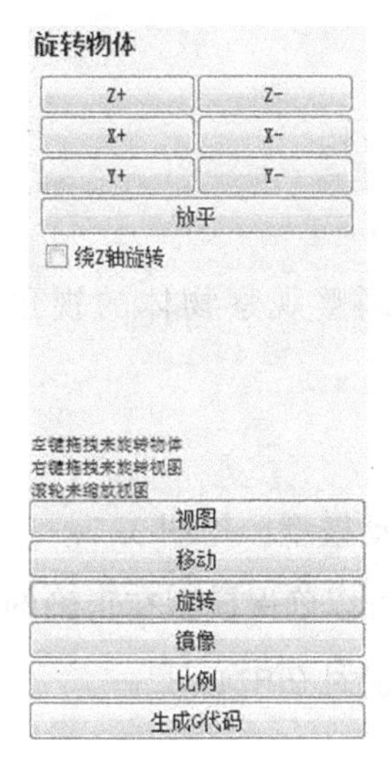

图 3-8

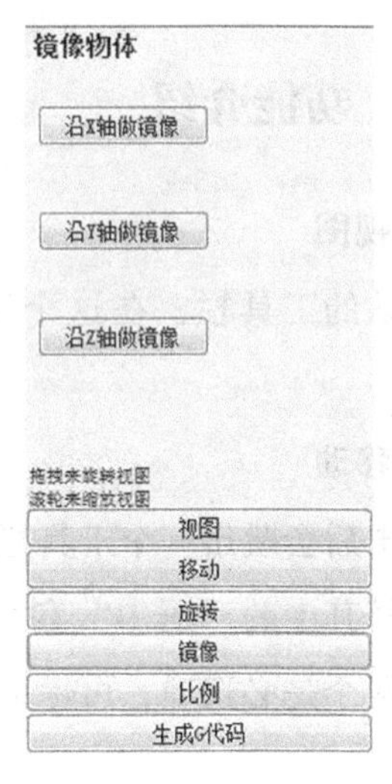

图 3-9

5. 比例

点击“比例”，在这个工具栏里，可以调节模型比例，见图 3-10。

6. 生成 G 代码

点击“生成 G 代码”，这是个生成打印路径的按钮，见图 3-11。

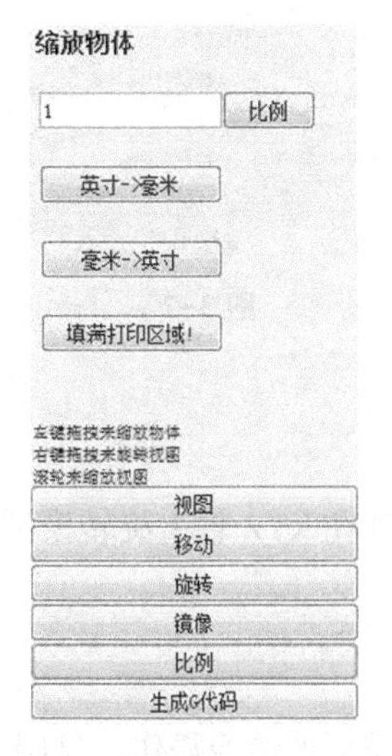

图 3-10

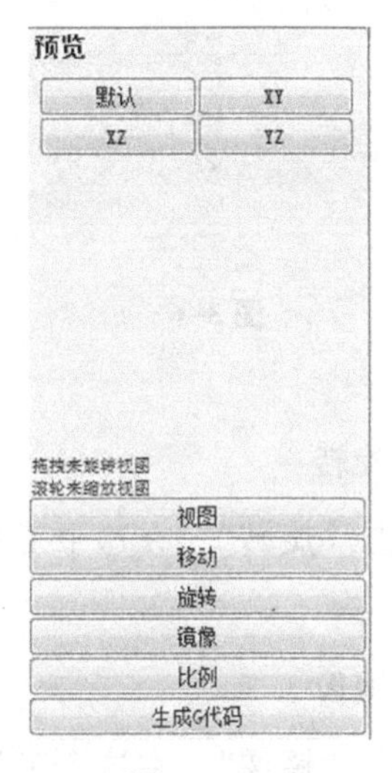

图 3-11

（1）如果点击该按钮后，弹出如下对话框，请操作者通过设置 Python 路径来解决，见图 3-12。

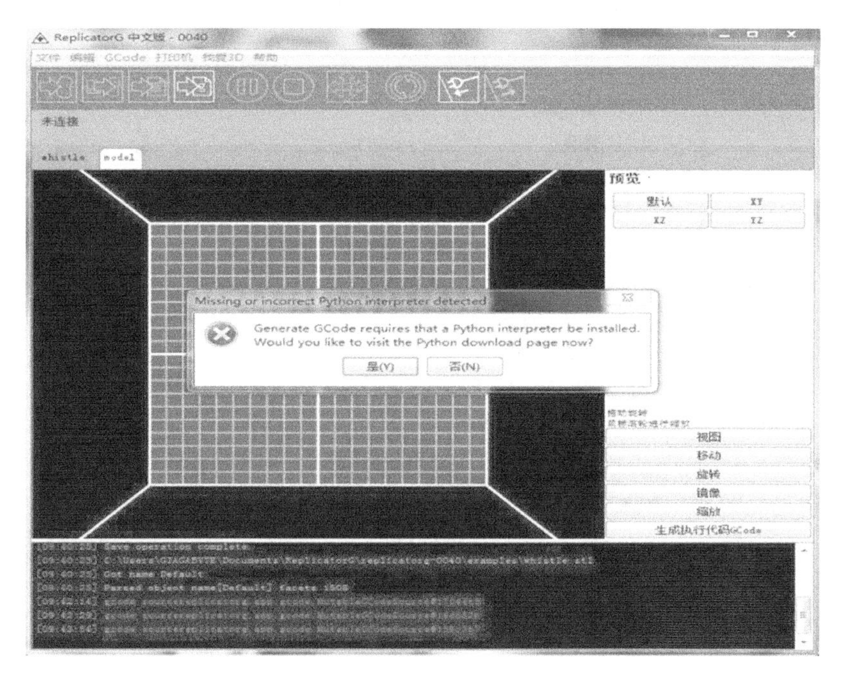

图 3-12

设置 Python 路径：单击“文件”菜单，选择“参数”，见图 3-13。

文件 编辑 G代码 打印机 网络 帮

新建	Ctrl+N
打开...	Ctrl+O
保存	Ctrl+S
另存为...	Ctrl+Shift+S
最近打开	
Examples	
参数	Ctrl+Comma
重设所有参数	
退出	Ctrl+Q

图 3-13

会弹出新的对话框，见图 3-14。

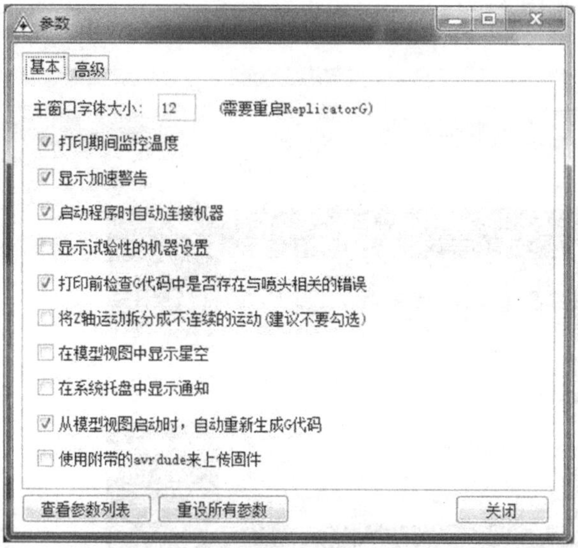

参数

基本 高级

主窗口字体大小: 12 (需要重启ReplicatorG)

☑ 打印期间监控温度

☑ 显示加速警告

☑ 启动程序时自动连接机器

☐ 显示试验性的机器设置

☑ 打印前检查G代码中是否存在与喷头相关的错误

☐ 将Z轴运动拆分成不连续的运动(建议不要勾选)

☐ 在模型视图中显示星空

☐ 在系统托盘中显示通知

☑ 从模型视图启动时，自动重新生成G代码

☐ 使用附带的avrdude来上传固件

查看参数列表 重设所有参数 关闭

图 3-14

点击切换到第二个选项卡“高级”，见图 3-15。

参数

基本 高级

选择模型颜色 选择背景颜色

固件升级网址: http://firmware.makerbot.com/firmware.xml

圆弧分辨率(mm): 1 Skeinforge超时时长: -1

调试级别(默认是INFO): INFO

☐ Log到文件 Log文件名:

☐ 打印前预热 右喷头: 75 左喷头: 75 加热平台: 75

选择Python解析器...

在ReplicatorG启动时: ◉ 打开最近一次打开或保存的文件 ○ 打开新文件

查看参数列表 重设所有参数 关闭

图 3-15

点击“选择 Python 解析器”按钮，会弹出如下的对话框，见图 3-16。

图 3-16

进入刚才选择的安装盘，并找到安装的 Python26 文件夹中的 python.exe，点击确定即可。

（2）正常来说，如果改变了模型的参数，则会弹出如下对话框，见图 3-17。

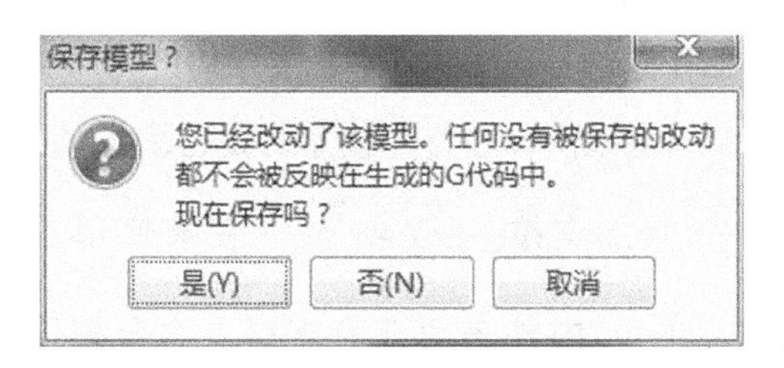

图 3-17

点击“是”，保存改动就行，之后就会弹出下面的对话框，这是符合我们打印机的参数，见图 3-18。

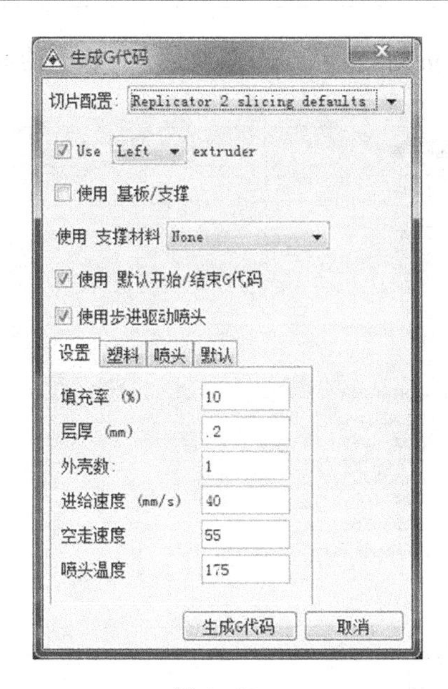

图 3-18

这个对话框里的默认选项是“使用默认开始/结束 G 代码”和“使用步进驱动喷头”。

参数介绍：

(1)“分层配置”为 Replicator 2 slicing defaults。

Left、Right 打印时，根据打印头的位置选择 Left（左）或 Right（右）。3D-YUNDL-30 是 left，输出时选择 left；3D-YUNDL-24 是 Right，输出时是 Right（面对设备，右手边的打印头称作右，左手边的打印头称作左）。

(2)“使用基板”可以选择在打印模型时是否增加基板。

勾选 使用 基板/支撑 是加支撑，None 是有底部支撑，Exterior support 有外部支撑，Full support 内外表面都有支撑，适合制作复杂件。不勾选 使用 基板/支撑 是直接制作实体，对一些有平面的模型，可以直接当作制作面摆放。若从下往上开始制作，则不用勾选。

(3)“物体填充（%）”可以调节打印的密集度，如果数值是 0%就是空打印，100%就是固体全充实打印。建议使用 10%。

（4）“层高（mm）”应该在 0.2～0.3 mm 之间。若层小表面细致，打印时间就长，两层大表面粗糙的话，制作时间就会有所减少，具体需求看客户选择。建议使用 0.2 mm。

（5）“外壳数”可以使打印对象的外壁变厚。每一个模型都有初始的外壁厚度，如果输入 1 则外壁会增加一个壁厚，如果输入 2 外壁则会变成 3 个壁厚。做的模型较大时，可以适当增加，一般选择默认 1。

（6）“进给速度”是模型实体的打印速度，“空走速度”是不打印模型实体，打印头跳跨的速度。进给速度 40 mm/s，空走速度 55 mm/s，打印机 3D-YUNDL-30 和 3D-YUNDL-24 的速度选择都为 50%；速度如果太快的话，可能会影响打印质量。

（7）“喷头温度”在这里没有实际作用，在后面的处理中会讲到，可以不用注意。

（8）“塑料”，确保“丝料直径（mm）”数值在 1.7～1.8 mm 之间。我们提供的丝直径为 1.75 mm，见图 3-19。

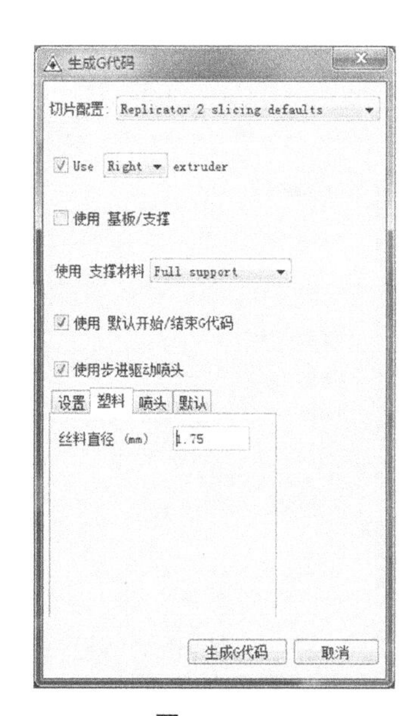

图 3-19

（9）“喷头”，确保“喷嘴直径（mm）”数值是0.4 mm，见图3-20。

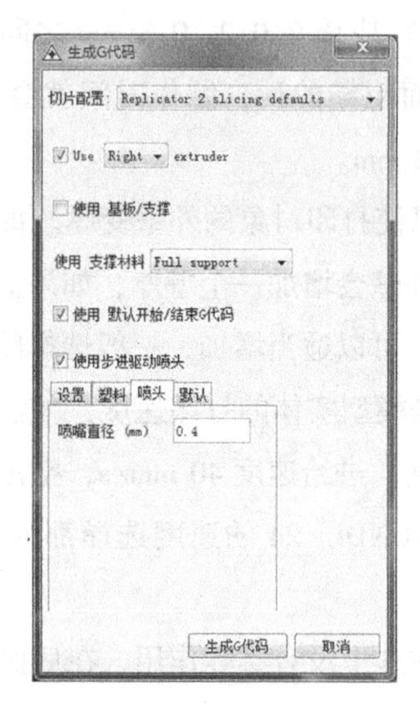

图 3-20

随时可以试验这些数值，直至出现满意的效果。如果你想重置默认数值，须按 载入Creator的默认设置 ，见图3-21。

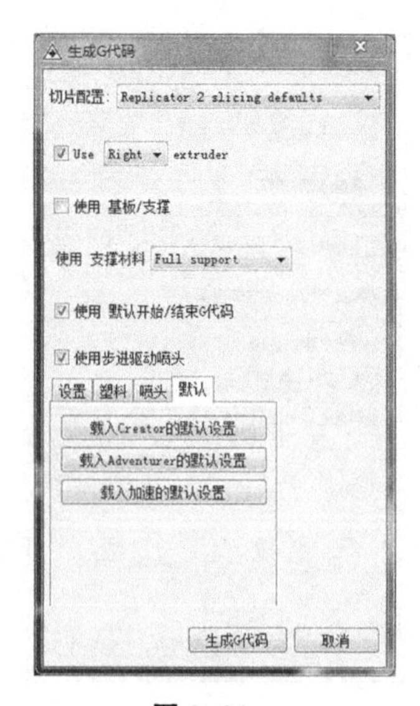

图 3-21

后出现如下提示，见图 3-22。

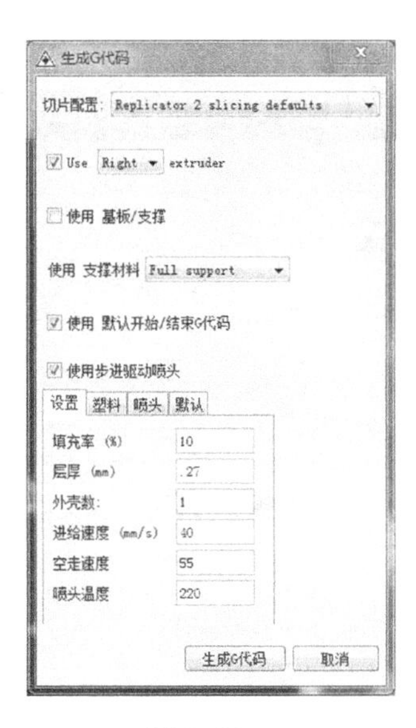

图 3-22

将温度改成 220，层厚改为 0. 2，见图 3-23。

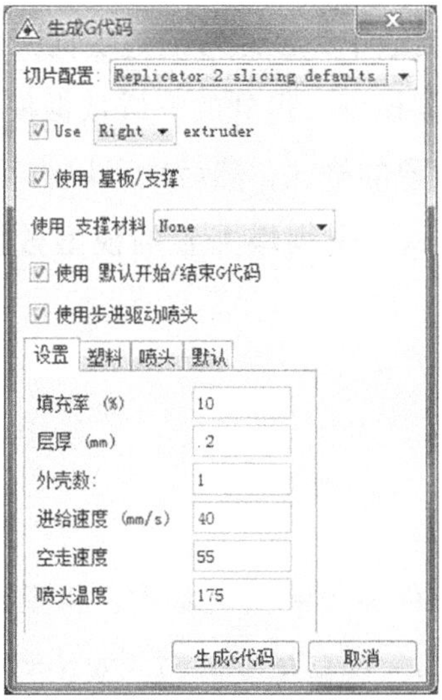

图 3-23

如果这些都已调好，那么点击“生成 G 代码”，就会弹出以下对话框，见图 3-24。

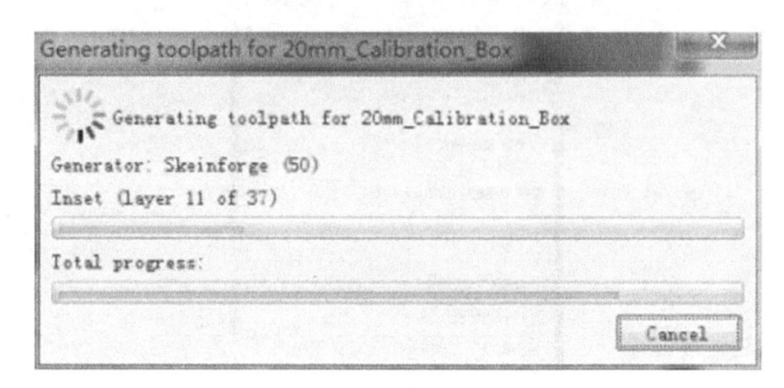

图 3-24

3.3　设备的操作

使用 3D 打印设备，首先要有三维的数据模型，这些数据模型可以通过三维建模软件来实现，比如 3DMAX、PRO-E、UG 和玛雅等常见的 3D 建模软件。因为介绍这些软件的专业书籍比较多，所以在本书中将不再对其进行介绍。在工业设计和制造中，也经常通过逆向工程（三维扫描仪扫描已有物体）来得到三维数据模型。得到的三维数据模型要通过切片软件来转换成 3D 打印设备能够读取的格式，然后就可以将数据输入 3D 打印设备进行打印了。下面我们将以一个蝴蝶书签的模型数据为例，来给大家演示 FDM 的工作过程。

3.3.1　安装软件

1. 安装 Click

将光盘中的 Click 文件夹复制到电脑中，将里面图标为 Click!.exe 软件发送快捷方式到桌面，这是免安装版，双击打开可以看到弹出如下图 3-25所示的界面，这时就可以正常使用了。

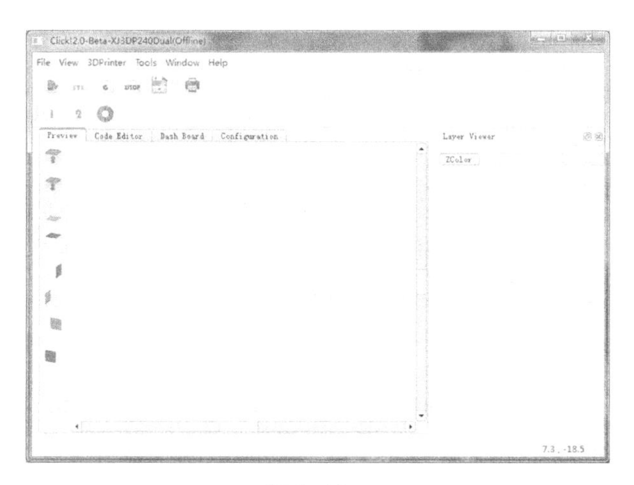

图 3-25

2. 安装 ReplicatorG

双击打开 Click 文件夹里的 tools 文件，可以看到 replicatorg-0040 ，再双击打开，将里面的 ReplicatorG.exe 发送快捷方式到桌面。双击快捷方式，就可以看到弹出界面，见图 3-26（这个软件也是免安装版，且运行慢，需要稍等会儿）。

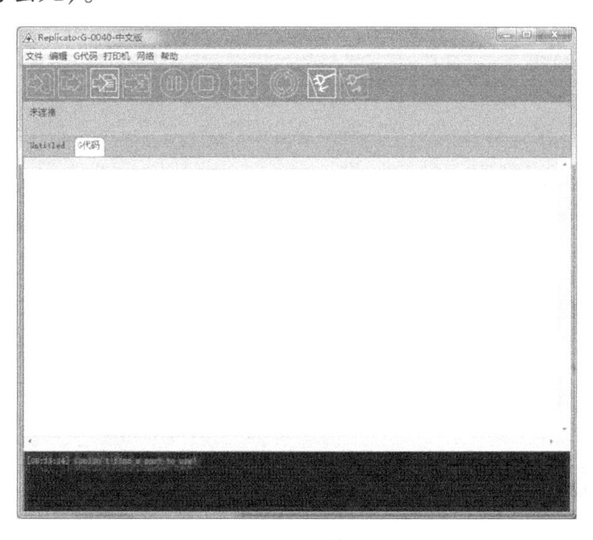

图 3-26

为了执行 ReplicatorG，还需要安装其他一些文件，分别是 Java（可以不安装）和 Python。

3. 安装 Java

此步骤不是必须的，可以不用安装，因为在很多电脑上已经预装了 Java 运行环境。如果软件无法运行，请运行光盘中附带的 Java 安装文件 JavaSet-up6u27. exe，按照安装提示一步步完成操作。

4. 安装 Python-2. 6. 6

程序的刀路生成模块 Skeinforge，需要 Python 支持才能运行。

直接复制光盘中 Python-2. 6. 6 文件夹到电脑，运行安装，一切选项采用默认选项。

3. 3. 2 数据处理

1. ReplicatorG.exe 的使用

（1）仅在第一次打开软件时，打印机驱动类型选择 Replicator 2X，关闭软件重新打开即可保存，见图 3-27。

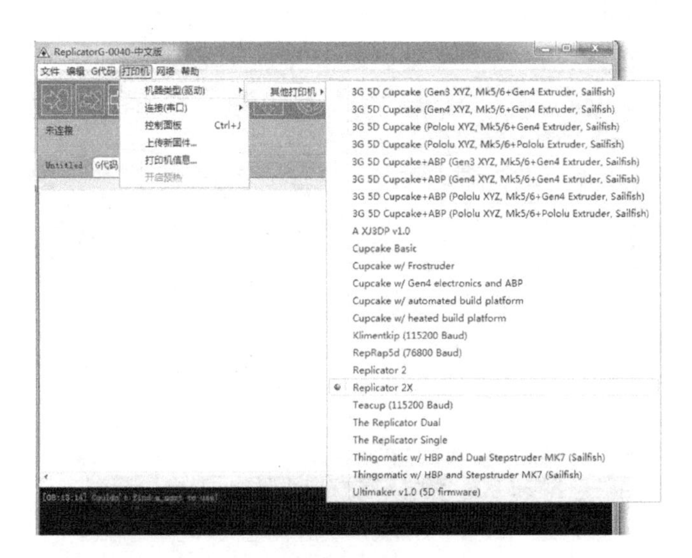

图 3-27

（2）仅在第一次打开软件时，Gcode 生成器选择 Skeinforge（50），见图 3-28。

图 3-28

（3）打开“STL”文件，点击主菜单“文件”下的“打开”，选择要打印的 STL 数据，见图 3-29。

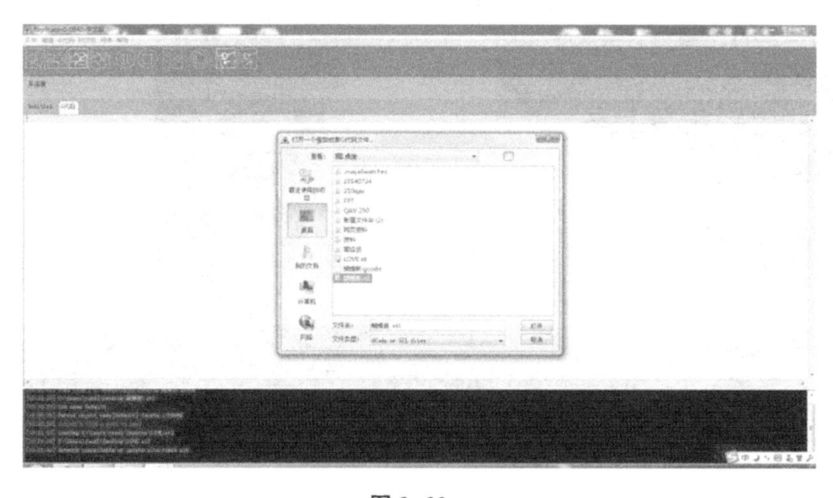

图 3-29

(4) 打印处理，选择好模型后，就可以对模型进行一些改动，达到想要的效果，见图 3-30。

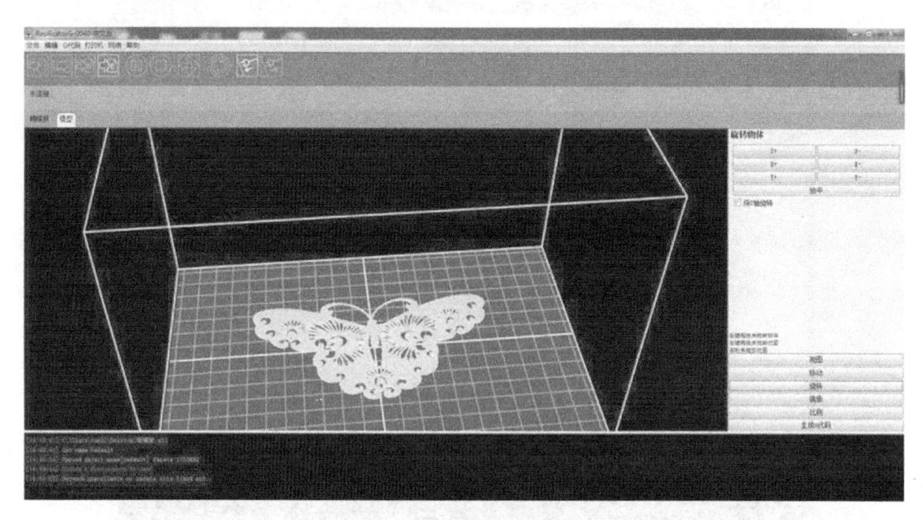

图 3-30

(5) 调整合适后，点击“生成 G 代码”，见图 3-31。

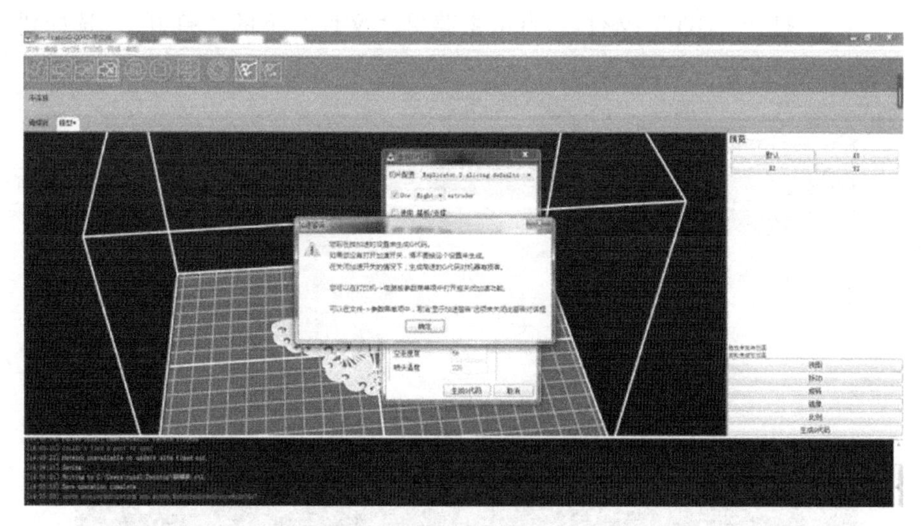

图 3-31

（6）最后点“确定”，生成 G 代码文件，见图 3-32，（与三维数据在同级目录下）。

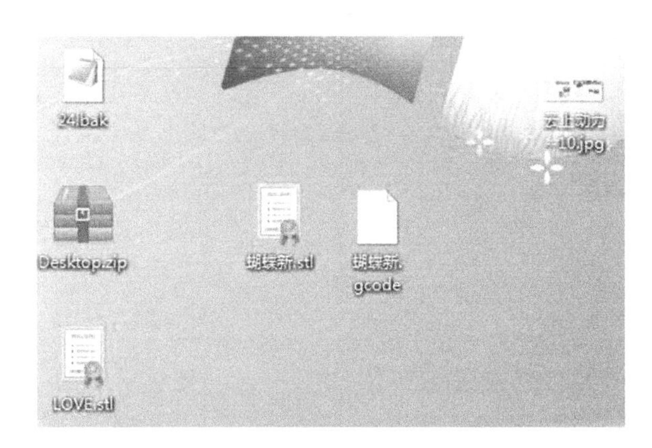

图 3-32

2. Click!.exe 的使用

操作说明：

双击打开，便可以看到如下图 3-33 软件界面。

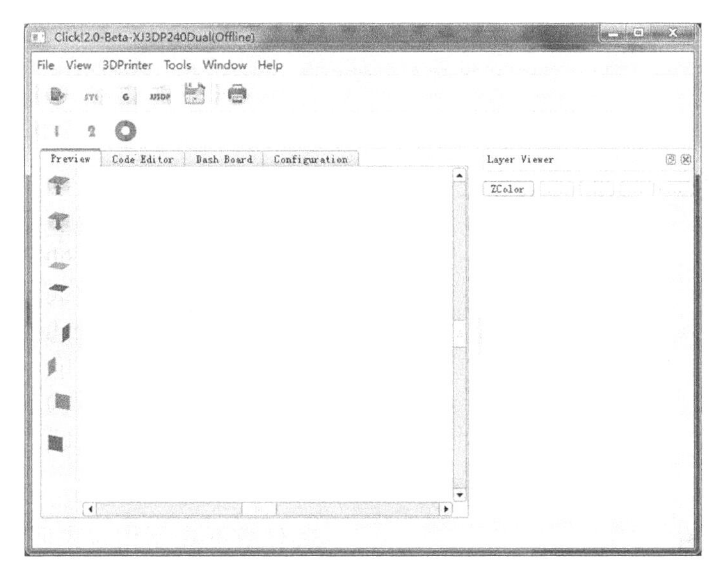

图 3-33

点击 打开 G 代码，图 3-34。

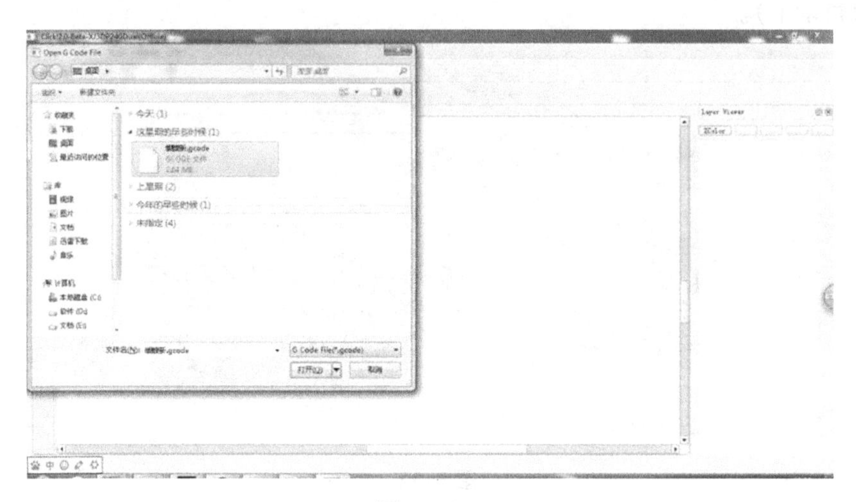

图 3-34

然后单击 ，出现对话框，见图 3-35。

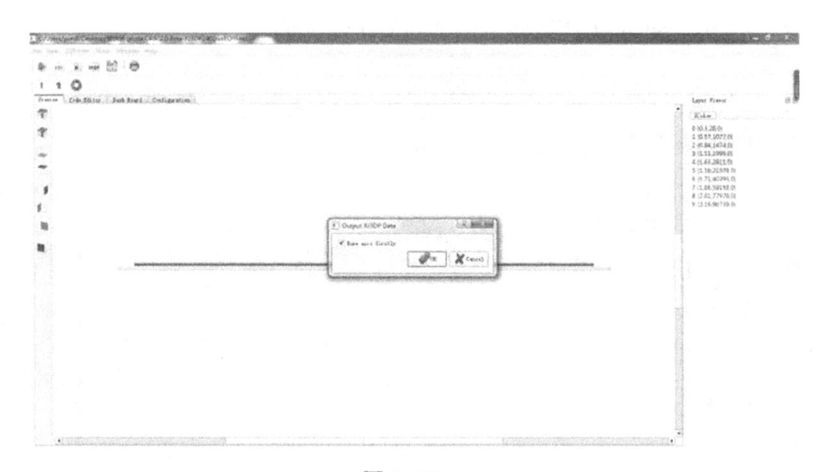

图 3-35

勾选后 确保数据在制作时先回零位，点

击 OK 。

选择存放位置，确定模型名称后，点击保存即可，见图 3-36。

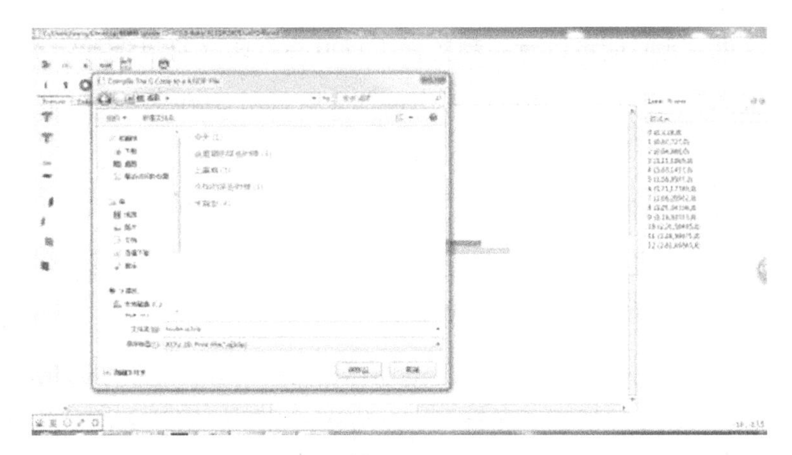

图 3-36

出现如下对话框后，说明处理结束，见图 3-37。

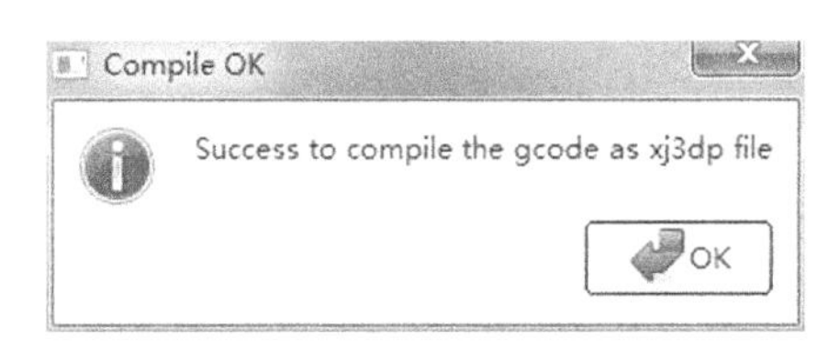

图 3-37

点击 OK 后数据处理完成。

生成 xj3dp 格式的文件见下图 3-38（注意文件存放目录和名字必须为英文字母或数字）。

图 3-38

生成之后拷入 U 盘（数据必须直接放在 U 盘的根目录下，不能放在 U 盘里面的文件夹中）。模型数据处理好以后，就可以打开 3D 打印机的电源开关进行操作了。

到这里，我们就可以对一种数据进行单头打印（可以选择左头打印，也可以选择右头打印）。还可以对由两部分数据组成的一个模型进行双色打印。

3. ZColor 功能介绍

ZColor 是我们这款软件所具有的特色功能，可以对一个模型进行左、右头切换，打印出具有不同色环的模型。

（1）打开软件 Click!.exe，加载右头，（面对设备，右手边的打印头成为右头）输出的单色模型数据，且必须是右头（Right）输出的数据，右头我们称作 1 ，左头（面对设备，左手边的打印头称为左头）称作 2 ，点击 Preview（预览）我们可以看到图 3-39 所示画面。

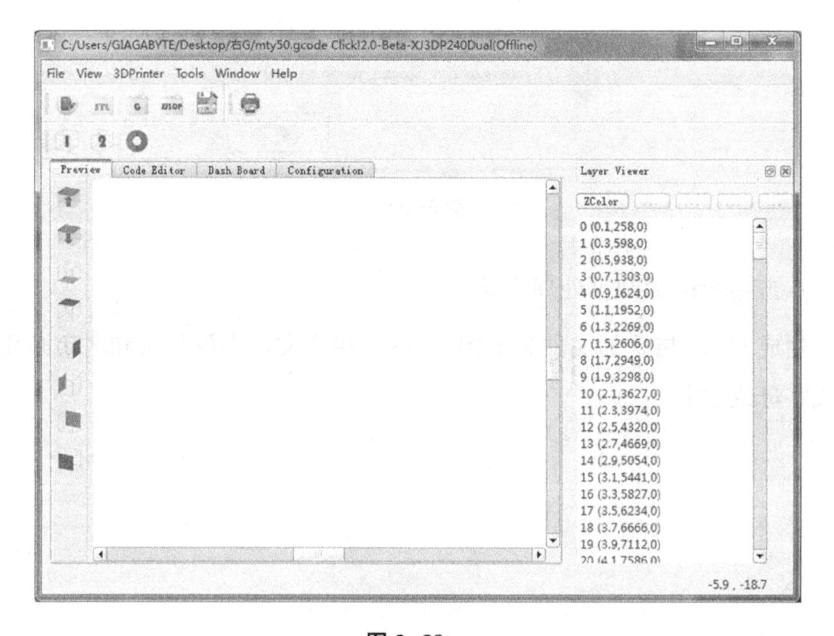

图 3-39

（2）在 ZColor 对话框内，点击鼠标左键，全选（ctrl+A），再点击 1 ，就可以看到视图内有数据的整体前视图，见图 3-40。

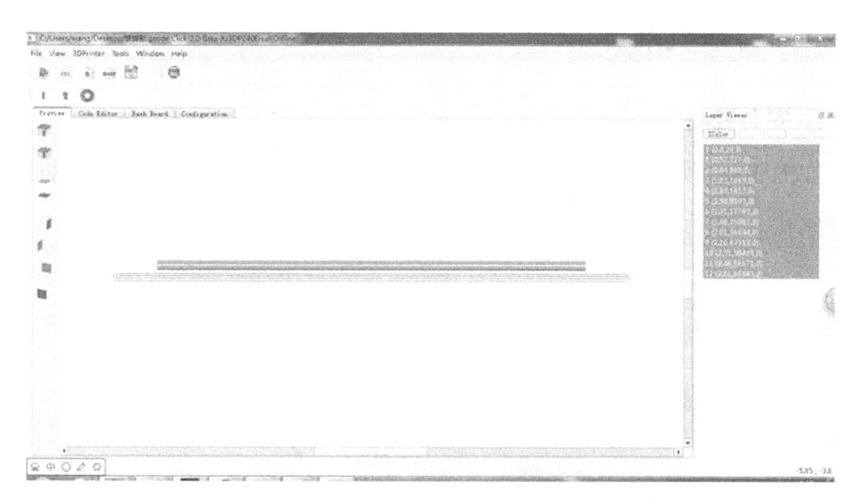

图 3-40

（3）在 ZColor 对话框内勾选若干层后，点击 2 ，就可以将这些层选为左打印头打印，见图 3-41。

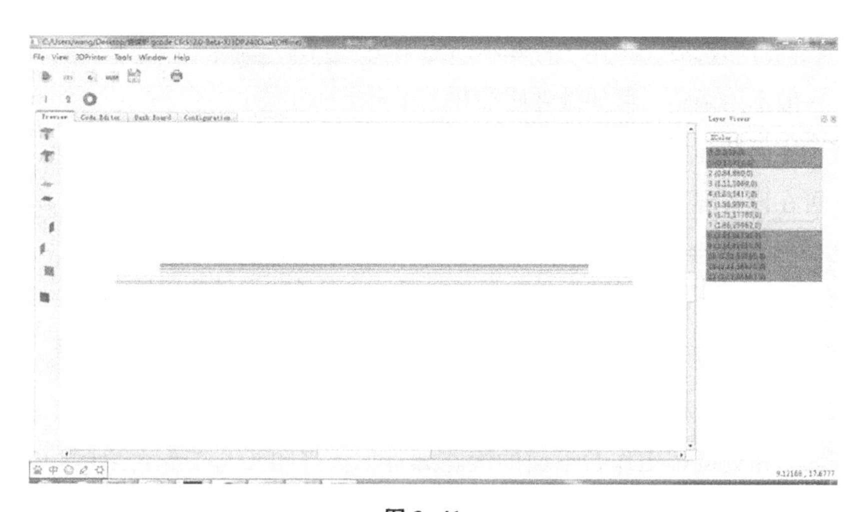

图 3-41

（4）根据自己的喜好，可以自由选择色环位置和色环数量，最后点击 输出数据 xj3dp 格式即可。

3.3.3 打印机准备工作

1. 安装耗材

如图 3-42 所示，将耗材安装到打印机后面的固定轴上面，将丝抽出穿入导丝孔。在穿入导丝孔时，要下压弹簧以便固定丝材。

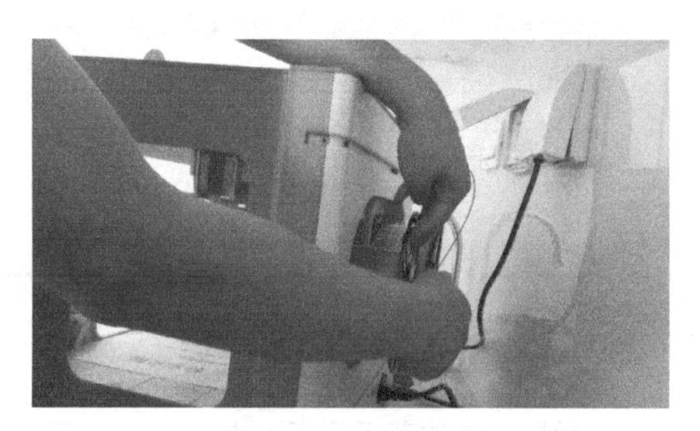

图 3-42 安装耗材

2. 调平

收到打印机后，工作平台基本已经调整好，一般不用调整，假如做件底部和工作台黏接不牢而翘起，用户只需要做微量调整即可。可在设备屏幕界面中随便选择一数据，开始做件，就会出现 X、Y、Z 分别回零。回零后，等待机器喷头温度到达后，机器使开始工作。此时，打印头打印的是模型的第一层，即工作台处于零位，现在立刻关掉机器后面的电源开关，在工作台平面四个角处调整工作台下面的滚花螺母，让打印头与工作台之间距离可以让一张 A4 纸来回移动便可。操作过程见图 3-43。

图 3-43 调平操作过程

3.3.4　开始打印

调平后，将 U 盘或 SD 卡插入打印机，打开打印机开关。打印机的屏幕显示见图 3-34。

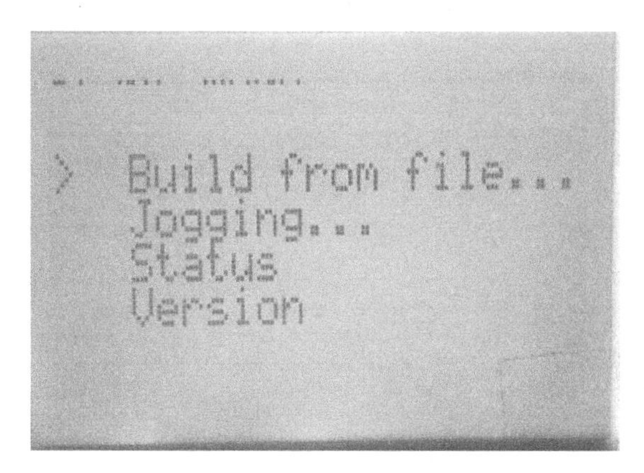

图 3-44

1. 认识打印机菜单

（1）Build from file...（构件文件）

（2）Jogging...（微调）

点击后弹出对话框，见图 3-45。

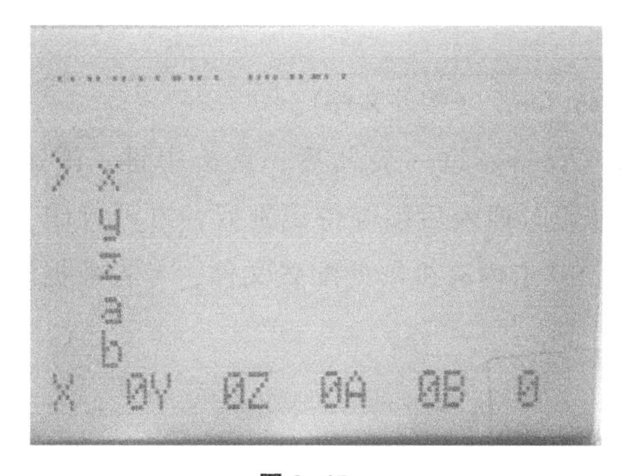

图 3-45

点击上键，x轴（人面对机子）向右，下键向左；点击中键选择y，上键向里，下键向外；点击中键选择z，上键向下，下键向上；点击中键选择a（面对设备，右手边为a打印头，左边为b打印头），向下即送丝，向上退丝；点击中键选择b，与a情况一样。

（3）Status（位置）。点击后弹出对话框，见图3-46。

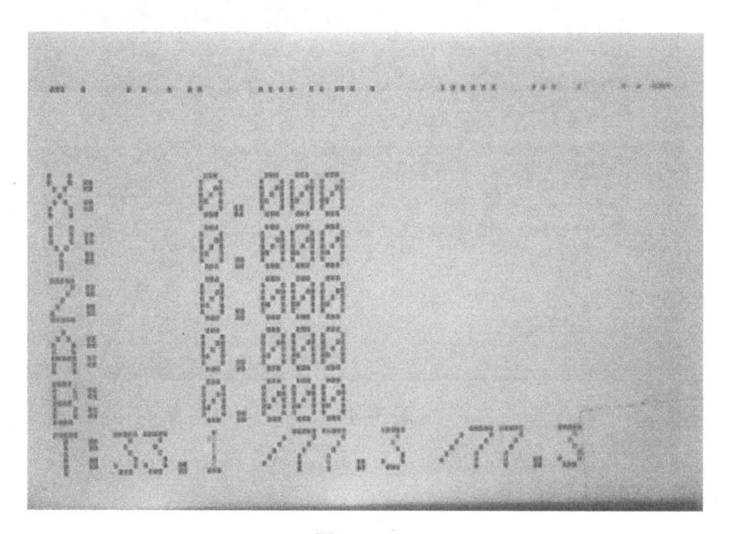

图3-46

依次为x、y、z、a、b坐标位置，基板、打印头a、b温度。

（4）Version（版本）。里面为软件版本。

2. 打印

选择Build from file…（构件文件）。

将SD卡插入设备。过一会儿后，点击中键，弹出对话框，见图3-47（用U盘打印时插入后须等待识别后，方可打印，否则识别的是SD卡内的数据。SD卡内有机器的配置文件，考入数据时不可更改配置文件）。

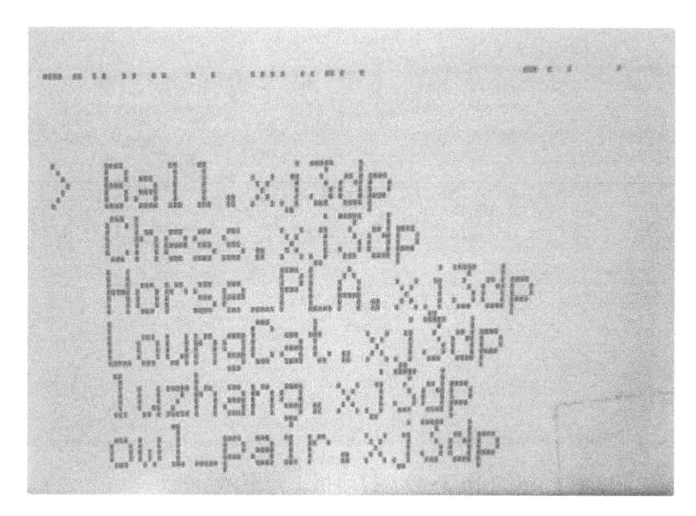

图 3-47

选择数据，点击中键，弹出对话框，见图 3-48。

图 3-48　打印机工作显示界面

依次为数据名称、基板温度、打印头 A、B 温度、工作速度、打印时间和剩余时间。此时，打印机便开始工作了。打印机工作展示见图 3-49。

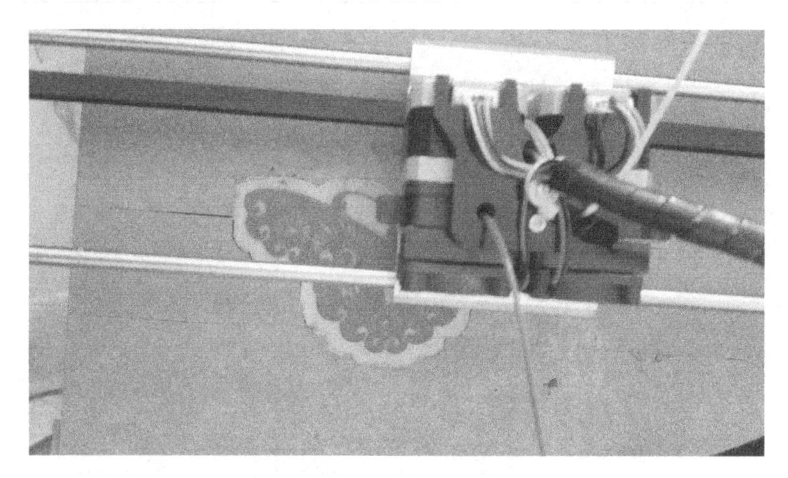

图 3-49　打印机工作展示

3.3.5　后期处理

后处理主要是对原型进行表面处理，去除实体的支撑部分，对部分实体表面进行处理，使原型精度、表面粗糙度等达到要求。但是，原型的部分复杂和细微结构的支撑很难去除，在处理过程中会出现损坏原型表面的情况，从而影响原型的表面品质。后期处理示例见图 3-50。

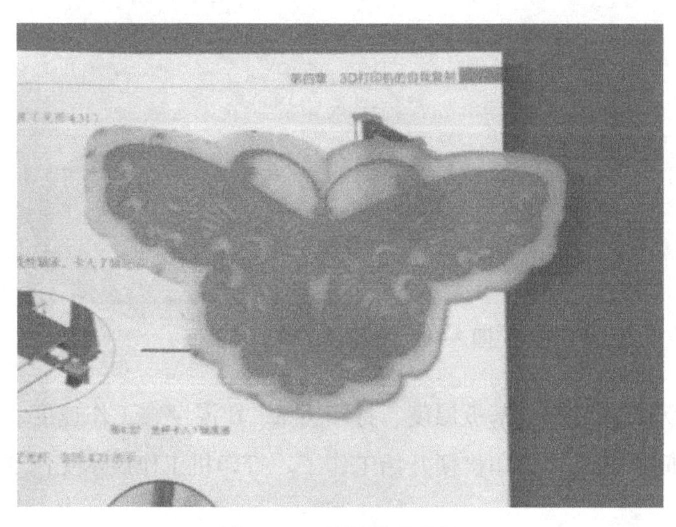

图 3-50　后期处理示例

3.4　注意事项

3.4.1　常见问题解答

1. 问题：z 轴回零时有较大声音。

解决方法：此情况属于正常现象，在打印工作开始后就会消失。

2. 问题：x、y 轴工作时产生较大噪音，且运动不顺畅。

解决方法：清洁一下 x、y 轴的导杆，涂抹一些润滑脂进行润滑。详细介绍参考视频《7-打印机的检查保养》。

3. 问题：点击送丝按钮，出现卡丝现象。

解决方法：查看加热温度是否达到推荐值 210℃，只有温度达到设定值后方能挤丝。

4. 问题：换丝的时候，退丝一段距离，发现卡丝现象。

解决方法：这是打印机降温后原本熔化的丝凝固形成小结块所致，解决方法为加热 5 分钟左右再退丝，或者先挤出一小段再退丝。

5. 问题：换丝过程中，重新插入打印丝，挤出一段发现卡丝的现象。

解决方法：将打印丝退出，剪成 45° 斜面，调整送丝角度，再送丝。

6. 问题：打印过程中发现卡丝现象。

解决方法：

（1）将平台与喷嘴的距离调到合适间距。调节方法：将平台沿 Z 轴上升到最大高度，左右移动 X 轴和前后移动 Y 轴，观察打印头与平台的距离（最佳距离为 0.2–0.3 mm）；调节平台下方固定的四颗螺丝（顺时针旋转为平台靠近喷头，逆时针旋转为平台远离喷头），同时保证平台和打印头相对水平。详细介绍参考视频《4-工作台调平演示》。

（2）打印头电机过热，查看风扇是否工作，如果没有工作，则终止打印任务，关闭电源等待电机冷却后，重新开机打印。如风扇还未正常工作，请与售后人员联系排除故障。

7. 问题：打印过程中发现丝无法黏连到平台上，或者某一边翘起。

解决方法：

（1）查看平台温度是否达到 40℃左右（某些机型是没有平台加热功能的）。

（2）Z 轴方向打印起始点与平台 4 个角落的距离不均等，调节方法见参考视频《4-工作台调平演示》。

8. 问题：在打印过程中，是否可以中途更换不同种类的丝材（ABS 换 PLA 或 PLA 换 ABS）？

解决方法：打印过程中不允许中途更换其他种类的丝材，因为不同的丝材打印时所需要的温度是不同的，比如 ABS 和 PLA 的温度相差 40℃左右，非常容易造成打印头堵塞而导致打印失败。

9. 问题：使用 ABS 丝材打印结束后，如何将 ABS 丝材更换为 PLA 丝材？

解决方法：请按照下面的步骤操作。

（1）将原来的丝材剪断。

（2）再次运行打印 ABS 丝材时所使用的数据。

（3）把要替换 ABS 的 PLA 丝材插入送料口并保持一段时间（不少于 60 秒）。

（4）等到 ABS 丝材从打印头排尽后，PLA 丝材从喷口挤出。此时，换丝完成，关闭打印机并清理干净打印头和工作台。

（5）将打印数据中的打印温度更改为 210℃，就可以使用 PLA 丝材进行打印了。

10. 问题：使用 PLA 丝材打印结束后，如何将 PLA 丝材更换为 ABS 丝材？

解决方法：请按照下面的步骤操作。

（1）将原来的丝材剪断。

（2）修改打印 PLA 丝材时所使用的数据，把打印温度更改为 220℃。

（3）把修改后的数据拷进 U 盘，插入打印机，运行修改后的打印数据。

（4）把要替换 PLA 的 ABS 丝材插入送料口并保持一段时间（不少于 60 秒）。

（5）等到 PLA 丝材从打印头排尽后，ABS 丝材从喷口挤出，此时换丝完成。关闭打印机并清理干净打印头和工作台。

（6）将要打印数据中的打印温度更改为 220℃，就可以使用 ABS 丝材进行打印了。

11. 问题：打印处理薄壁零件的模型时需要注意哪些地方？

解决方法：

因为喷嘴的直径为 0.4 mm，所以壁厚应不小于这一数值。

模型打印时的填充率应设置得高一些，或者设置为 100%的填充率。

打印模型的时候，打印速度不要设置得太高，以免模型错位和脱离工作台。一般使用默认速度就可以，当然也可以根据实际情况适当地增加或减少 10%。

合理安排模型的打印方向，避免模型过高和产生多余的支撑。

3.4.2　注意事项

由于 3D 打印机在工作时有高温部件，建议用户在打印过程中应注意以下事项，以免发现危险。

（1）将打印机放置在水平桌面，在使用打印机之前，需要将适量润滑油均匀涂抹在打印头左右滑动的金属杆与齿轮，以及工作台的 Z 轴丝杠上，以保证打印头顺滑移动。建议每隔半个月润滑一次。

（2）在预热过程中，显示屏上可以看到打印喷头和底板的温度，不要用手去触摸打印头和工作台。

（3）在打印机工作时，不要用手触摸打印头或将手伸入打印机内部，避免高温烫伤。

（4）切勿剥除底上的蓝色耐高温胶带，它能显著增强材料的附着度，否则打印底部支撑和底板黏接不牢固。

（5）切勿去除包裹在喷嘴外部的包装物，这是耐火陶瓷纤维织物和耐高温胶带，能有效保证喷头温度恒定，提高出丝的流畅性和一致性。

第四章　面成型设备

面成型3D打印设备的操作步骤和FDM设备的操作步骤基本相同，都是先需要通过软件设计出数据模型，或者是用三维扫描设备扫描原有物体得到的数据模型，然后通过软件切片处理后发送到3D打印机，再打印出物理模型。经过清洗打磨等工序后，一件3D打印作品就完成了。不同于FDM设备熔融堆积原理，面成型是一种基于光固化成型原理的一种3D打印机。这种成型和激光光固化快速成型（SLA）设备极为相像，不过面成型机一次能成型一个面，速度得到很大提升。下面，我们将通过云上动力（北京）数字有限公司的3D－YUNDL－MCX150为例，来了解一下面成型的工作原理，见图4-1。

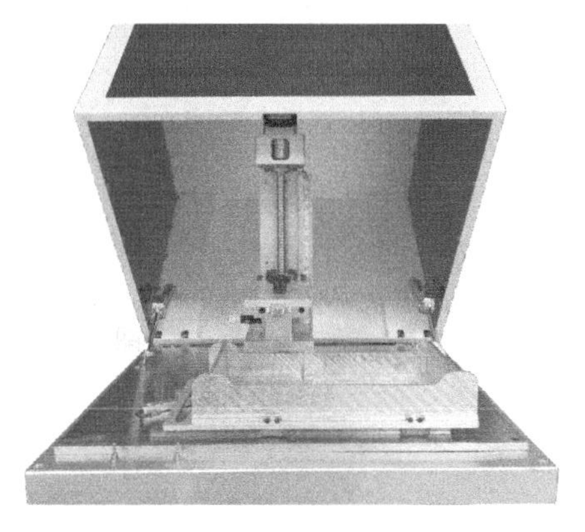

图4-1　3D-YUNDL-MCX150设备

4.1　设备介绍

4.1.1　原理

面成型是立体光固化成型法的一种，有别于激光光固化快速成型设备的地方是，面成型机所用光源是普通紫外光，而非激光光固化快速成型设备所使用的紫外激光。面成型系统利用直接投影技术，将加工零件的分层图片由投影机投射到工作台中的树脂上，使其逐层固化成型。

4.1.2 组成

打印机组件说明见图4-2。

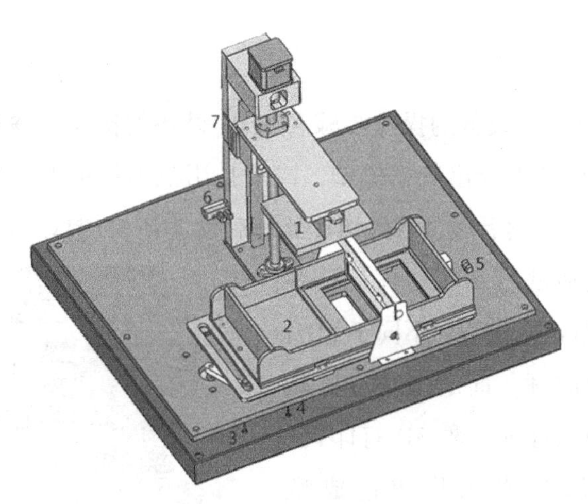

图4-2 打印机组件说明

1-工作平台；2-树脂槽；3-X轴拨动开关；4-Z轴拨动开关；
5-X轴光电开关；6-Z轴光电开关；7-Z轴光电开关挡块

4.1.3 材料

光敏树脂是一种在一定波段的紫外光照射下发生光聚合反应的材料，即液体性质的材料遇到一定波段的光发生固化。可根据不同的用途调配出不同性质的材料。比如：

1. 树脂：DOLP-CR1（铸造树脂—红色）

铸造树脂制作的模型性质是遇高温气化，可用于替代失蜡铸造中的蜡模。

2. 树脂：DOLP-TR1（耐热树脂—黄色）

耐热树脂的性质是耐高温，可用于高温环境。

3. 树脂：DOLP-HR1（高强度树脂—黑色）

高强度树脂可用于打印强度要求高的模型。

4.2　注意事项

3D 打印技术与传统的铸造技术相结合是不是很神奇？大家是不是都想亲自为自己或自己深爱的亲人、朋友制作一款自己设计的珠宝首饰了呢？在使用打印机前，还需要注意以下问题。

（1）树脂可能引起皮肤过敏，请勿直接接触树脂。如果使用树脂或取件时，请戴上乳胶手套；如果接触皮肤后，请用酒精清洗；如接触到眼睛，请及时就医。树脂有难闻的气味，请戴上口罩。还要保证房间通风透气。

（2）打印前，请确认树脂槽是否泄漏。

（3）打印开始后，请合上罩子，避免树脂长时间暴露，挂在零件上的液态树脂也会固化。

（4）如果长时间不使用，请将树脂从树脂槽里取出，放入黑瓶中。将黑瓶与树脂槽一起放在柜子里。

（5）树脂槽内 PDMS 涂层为易损件，如果操作不当，固化树脂黏接到 PDMS 涂层上，容易破坏涂层。涂层破损后将不能使用。出现上述情况后，请更换涂层膜，贴膜方式类似于手机贴膜，应确保膜内无杂质和气泡。

（6）请在无尘环境中使用打印机。

（7）在打印过程中，请勿随意操作电脑，不能打开其他应用程序，不能截图等。不能插入 U 盘等即插即用设备，如果插入这种类型的设备，有可能引起端口被占用，而导致打印无法继续。

第五章　激光光固化快速成型机操作

5.1　设备介绍

激光快速成型机是全球工业生产使用最广泛的3D打印技术，光固化技术是基于光聚合反应而不是基于热的作用，使打印工件不会受到热扩散的影响，而保证聚合反应不发生在激光点之外，从而保证打印工件的精度。

由于光聚合反应是基于光的作用而不是基于热的作用，所以在工作时只需功率较低的激光源。此外，因为没有热扩散，加上链式反应能够得到很好地控制，因而加工精度高，表面质量好，原材料的利用率接近100%，能制造形状复杂、精细的零件，效率高。对于尺寸较大的零件，则可采用先分块成形，然后再黏接的方法进行制作。

5.1.1　原理

CAD数据经前置数据处理软件（RP Data）分层、切片、处理后导入快速成型机；固体激光器发出的激光束在光学扫描系统的控制下精确扫描光敏树脂，每层固化叠加后完成三维实体零部件加工，见图5-1。

图 5-1　固体快速成型机

5.1.2　设备关键技术介绍

1. 真空吸附涂敷系统

普通刮平系统只能平复水平面上堆积的树脂，对液面凹陷效果不明显，且容易碰触实体产生移动和倒伏，使制作失败。采用真空吸附涂敷刮平系统能平复水平面凸出和凹陷树脂，避免刮刀碰触实体，有效地提高制作成功率和制作精度。真空吸附涂敷系统见图 5-2。

图 5-2　真空吸附涂敷系统实物图

2. 在线功率检测

激光器在长时间运行中光功率会有一定幅度的衰减，如果不调整扫描速度，光功率和固化时间不匹配就会造成固化不完全等不利影响。采用在线功率检测能自动匹配光功率和扫描速度，保证树脂最佳固化临界点，提高制作精度和成功率。在线功率检测装置见图 5-3。

图 5-3　在线功率检测装置实物图

3. 液位检测 \\ 液位调整

在制作中，树脂槽内总质量的改变会造成液平面发生变化，液位检测技术能实时检测液面的变化，驱动液位调整模块精确控制液平面始终保持在光斑液面点上，从而保证制作精度和制作成功率。液位检测 \\ 液位调整系统见图 5-4。

图 5-4　液位检测 \\ 液位调整系统工作图

4. 枕形误差矫正

双扫描器（振镜）扫描系统，不可避免地会出现枕型误差。扫描器供应商提供的校正文件与扫描器中心到成型表面（树脂表面）中心点距离有关。也就是说，快速成型制件的精度决定于机器的装配精度和液面高度等因素。而在实际生产中，扫描器中心到成型表面（树脂表面）的距离在1000 mm左右，而测量扫描器中心点至成型表面（树脂表面）中心点的距离十分困难。另外，成型表面（树脂表面）位置与树脂槽内树脂量、树脂温度有关。因此，扫描器中心到成型表面（树脂表面）中心点距离对于每台机器是不同的，通过给定扫描器中心到成型表面（树脂表面）中心点距离来确定制件精度的方法不仅是不准确的，而且也是十分困难的。枕型误差产生原理见图5–5。

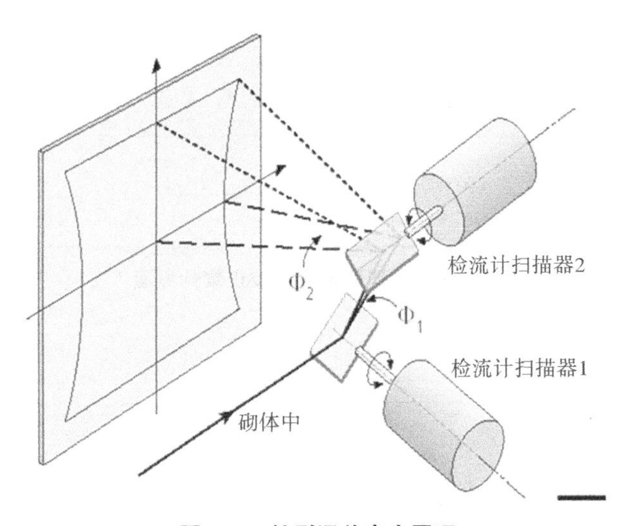

图5–5　枕型误差产生原理

针对以上问题，西安交通大学开发了一种枕型误差在线检测、校正装置和方法。这种方法采用一标准检测平板，在整个表面内采用高精密数控机床加工刻度点，精度保证在±5 μmm以内。通过水平仪等检测方法，将标准检测平板与成型平面（树脂表面）相重合，将激光光斑逐点尽可能逼近刻度点，生成一实际校正文件。这种方法能够保证在整个成型区域内，真正保证制件±0. 1 mm 的精度，枕型误差在线校正软件界面见图 5-6。

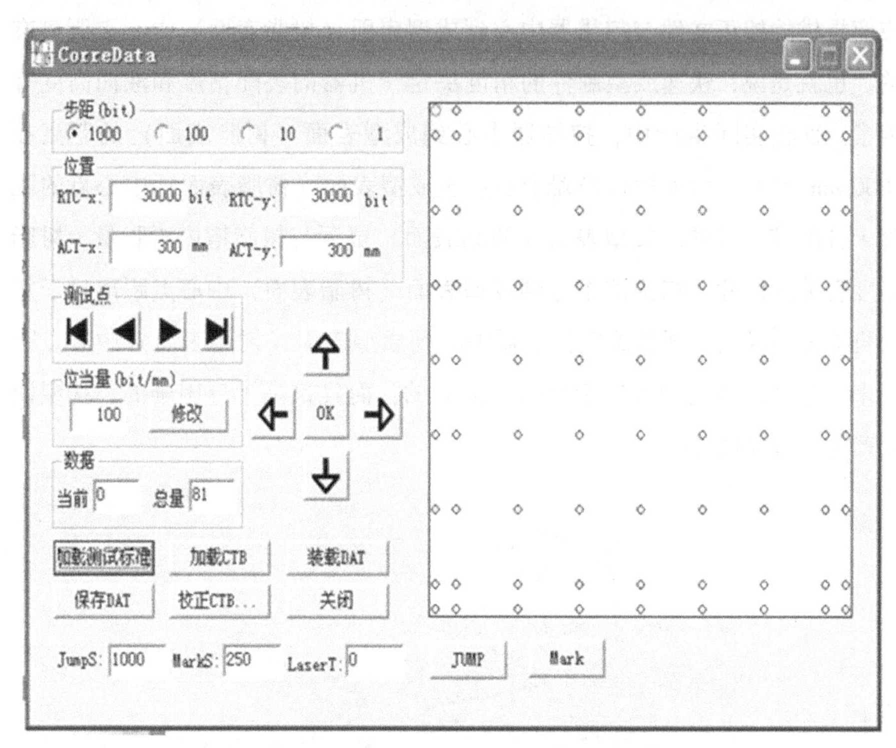

图 5-6 枕型误差在线校正软件界面

5. 2 软件介绍

5. 2. 1 功能特点

RPData10. 2 快速成型数据处理软件在对国内外同类产品进行了充分调查的基础上，在切实考虑 RP 技术的实际需要后，开发的新版本。其功能强大且使用简单，功能模块包括以下六个：输入模块、三维模型可视化操作、多模型拷贝及排列、支撑生成、分层处理、数据输出。

1. 软件概观及构成（见图 5-7）

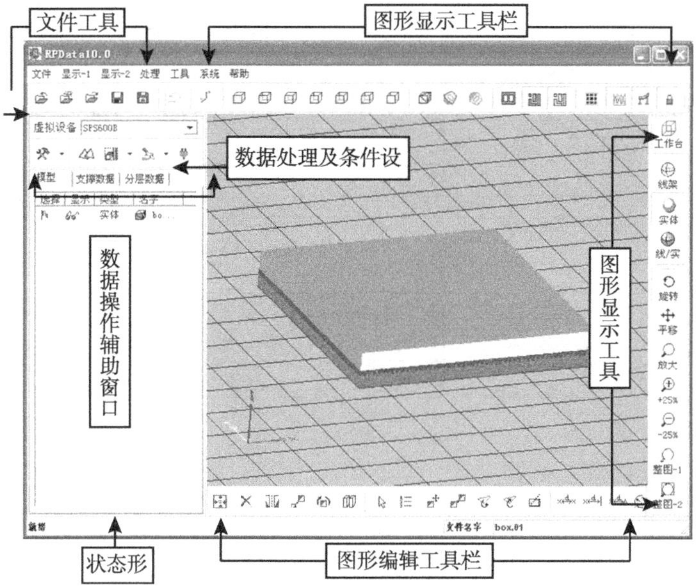

图 5-7　软件概观及构成

2. 文件类型

快速成型数据处理软件（RPData10.2）可自动识别二进制与 ASCⅡ码形式的 STL 文件，并能将其转换为内部 DAT 数据文件。非 STL 格式文件要首先在 CAD 系统中转化为 STL 格式。

在本软件的操作过程中，会操作及使用下列类型文件。

STL 文件：三维零件实体模型，格式为三角片形式。由 CAD 设计系统或其他途径生成。

DAT 文件：数据准备软件系统内部数据格式文件，含实体模型及数据处理条件等内容。

SLC 文件：标准分层格式文件，通过该格式文件与快速成型硬件设备进行数据交换。

3. 文件操作

数据准备系统文件管理模块的菜单结构如图 5-8 所示。

图 5-8

4. STL **转换**

选择要进行转换的 STL 格式的数据文件，可以进行多重选择：可一次装入多个模型，也可以分步装入多个模型。在转换过程中，本软件读入三角面片信息进行并归类整理，生成内部数据格式 DAT 文件。STL 格式文件的测量单位为毫米（mm），其画面形式如图 5-9 所示。

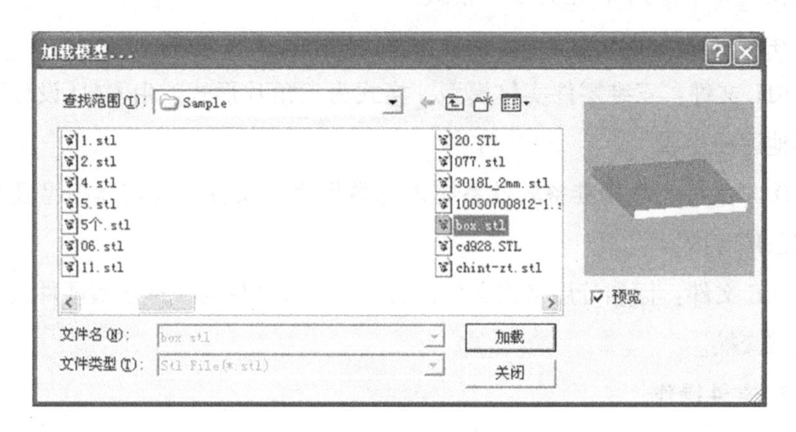

图 5-9

5. 功能概述

在数据准备系统中，为了在快速成型机上制作模型，用户首先要对制作模型的大小、方向和工作台摆放位置等进行设定，然后进行自动支撑、分层等处理，同时提供了手工编辑支撑及修改分层数据等功能。为此，系统采用 OPENGL 图形技术，开发了强有力的三维视图操作功能。同时，采用窗口系统的列表等可视化控件，将实体模型、分层数据、自动支撑数据等形式的文件有机地结合在一起，便于编辑和浏览。视图操作说明表见表 5-1和表 5-2。

表 5-1 视图操作说明

工作台	切换显示工作台
线架	切换显示线架模型
实体	切换显示实体模型
线/实	切换显示线架/实体模型
旋转	切换鼠标操作。在此方式下，按住鼠标左键，移动鼠标，可任意旋转视图
平移	切换鼠标操作。在此方式下，按住鼠标左键，移动鼠标，可平移视图
放大	切换鼠标操作。在此方式下，按住鼠标左键，移动鼠标，出现放大区域串口，松开鼠标左键，可放大视图
+25%	将视图放大 25%
-25%	将视图缩小 25%
复原	将视图复原至初始大小
整图-1	以当前操作对象为目标，设置视图窗口及视角
整图-2	以工作台及所有对象为目标，设置视图窗口及视角
刷新	更新屏幕显示，并清除尺寸标注信息

表 5-2 视图操作说明

取消	取消上一步操作
工作台坐标系	切换显示工作台坐标系
等轴测图	设置等轴测图方向
下视图	设置下视图方向
上视图	设置上视图方向
右视图	设置右视图方向
左视图	设置左视图方向
后视图	设置后视图方向
前视图	设置前视图方向
显示模型	切换显示模型
隐藏上半部	显示当前剪切平面的下半部分
隐藏下半部	显示当前剪切平面的上半部分
分层数据区域	切换显示分层数据区域
显示上水平面	切换显示上水平面
显示下水平面	切换显示下水平面
支撑外轮廓	切换显示支撑外轮廓
支撑截面	切换显示支撑截面数据
显示支撑	切换显示全部支撑
锁定支撑选择	在支撑编辑时，锁定支撑选择功能
测算模型价格	根据模型体积和重量，计算模型加工的价格
模型信息	显示模型最大外接尺寸等几何信息
帮助	显示帮助信息

5.2.2　数据操作面板

数据操作面板分为虚拟设备、工具栏和数据浏览窗口三部分。数据浏览窗口包括三个标签页面：模型数据窗口、支撑数据窗口和分层数据窗口，见图5-10。

图 5-10

1. 虚拟设备

虚拟设备页面的作用是显示与当前数据相关联的虚拟设备类型。用户可根据需要选择其他设备，同时置换其数据处理条件，包括设备参数、自动支撑参数、造型参数和数据输出设定。

2. 数据处理

数据处理顺序如下。

自动支撑处理 → 支撑数据编 → 分层处理 → 分层数据编 → 数据输出

（1）自动支撑处理。按下自动支撑处理按钮 ，就会出现如下对话框，按“是”开始处理，按“否”取消操作，见图5-11。

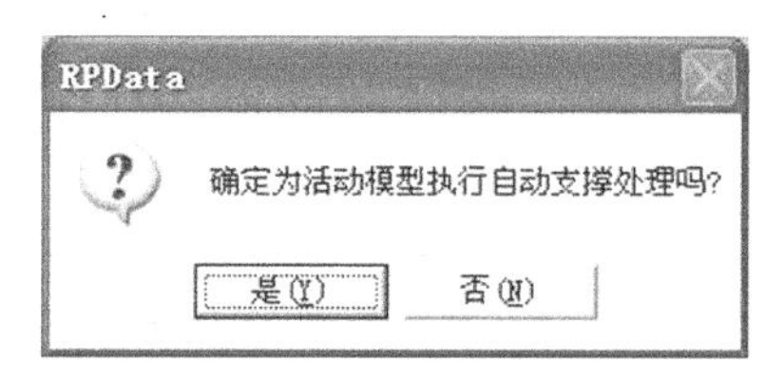

图 5-11

按下图标旁边的箭头，弹出菜单，可以选择处理全部模型。

（2）分层处理。按下自动支撑处理按钮 ，出现如下对话框，按“是”开始处理，按“否”取消操作，见图5-12。

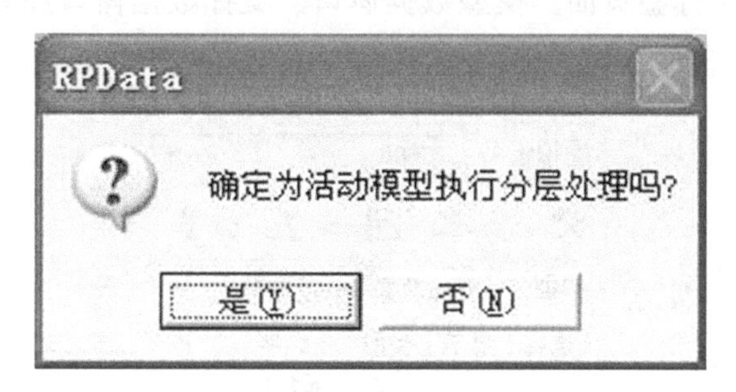

图5-12

按下图标旁边的箭头，弹出菜单，可以选择处理全部模型。

（3）数据输出。按下自动支撑处理按钮 ，出现如下对话框，见图5-13。

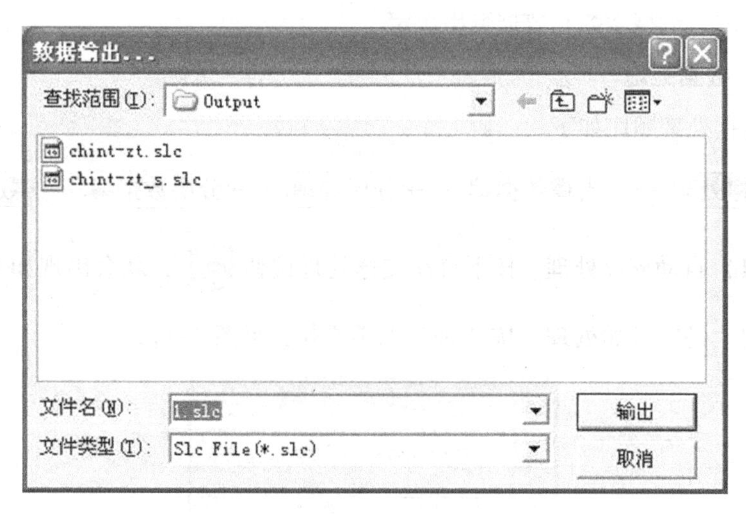

图5-13

5.3　激光快速成型机操作

5.3.1　工艺控制软件-RP Build 10.0

工作界面主要由以下六个区域组成：主菜单区、主工具栏、辅助工具栏、零件制作进程监控区、工艺信息显示区和零件成形监控区，见图5-14。

主菜单栏提供了控制程序中所用到的文件操作、显示（操作状态转换)、工艺、控制、制作、维护、参数查询及求助等命令。

主工具栏提供常用的文件操作和参数设置命令。

辅助工具栏提供不同模式下的零件轮廓操作的命令。

零件制作进程监控区显示X-Z方向或Y-Z方向的零件制作进程。

制作工艺信息区显示零件的加工参数和机器状态等参数。

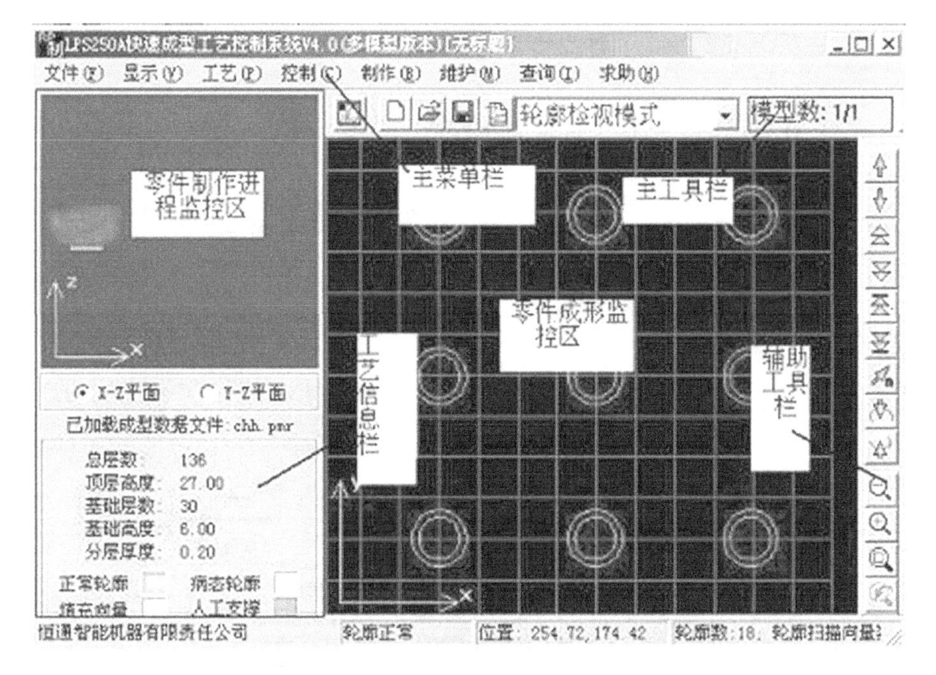

图5-14

5.3.2 3D 打印原型

3D 打印原型的制作过程如下。

(1) 选择软件的文件菜单，加载 slc 格式文件，见图 5-15。

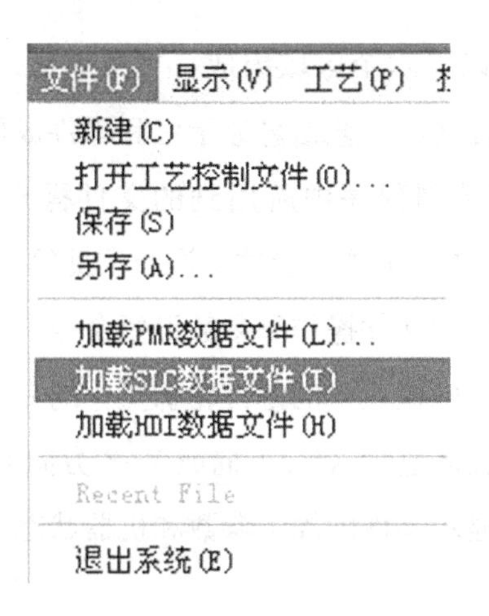

图 5-15

(2) 在弹出的对话框中选择制作数据，见图 5-16。

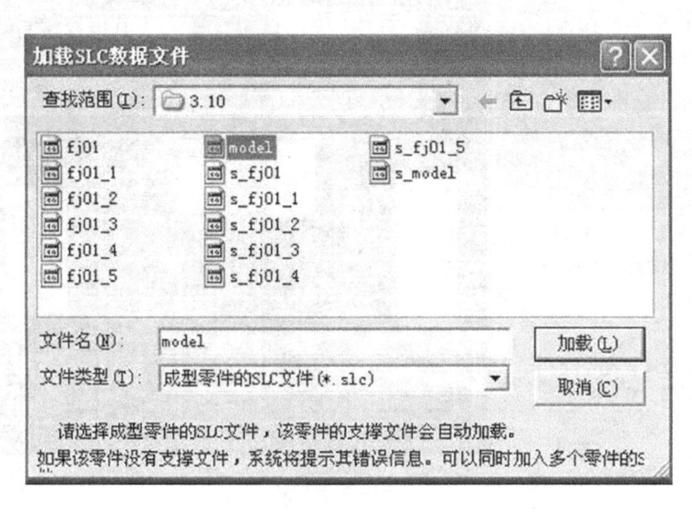

图 5-16

（3）在主工具栏中选择仿真模式，见图 5-17。

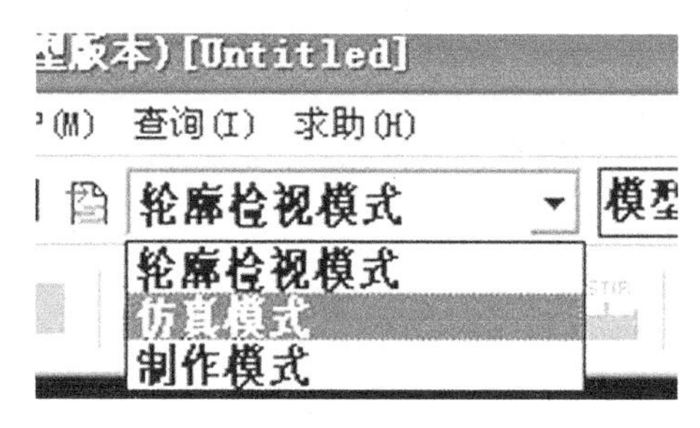

图 5-17

（4）通过辅助工具栏的上下键等工具进行仿真，检查数据支撑是否正常。

（5）确定数据无误后，在主工具栏中选择仿真模式，见图 5-18。

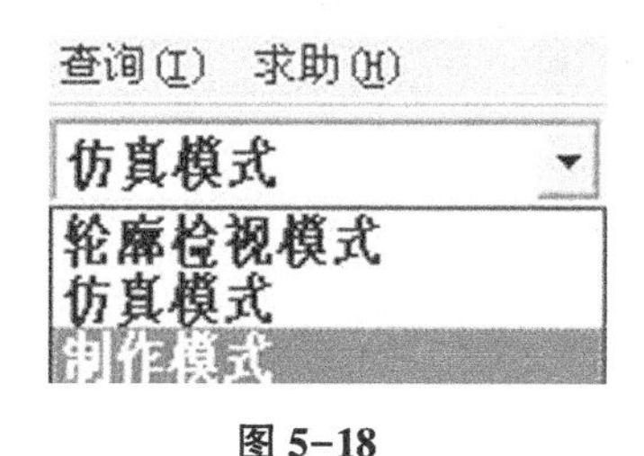

图 5-18

（6）选择主菜单的制作栏并选择，见图 5-19。

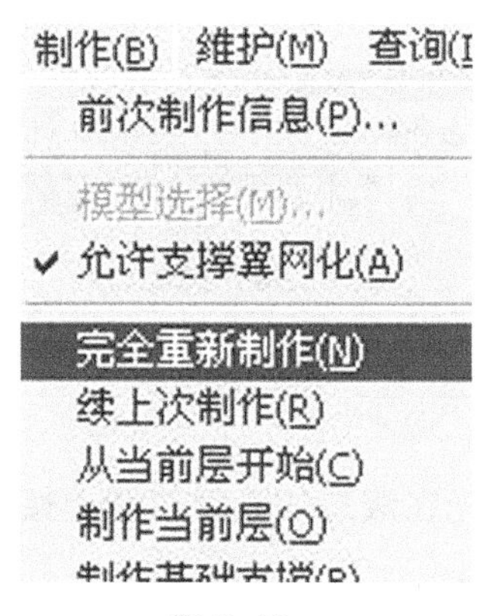

图 5-19

(7) 在菜单内勾选“保持激光打开状态”和“工作台移出液面”，见图5-20。

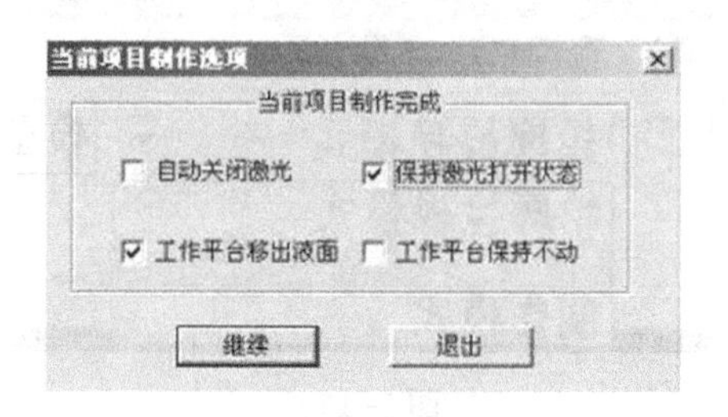

图 5-20

(8) 制作开始前会提示是否保存制作工艺，一般选择不保存，见图5-21。

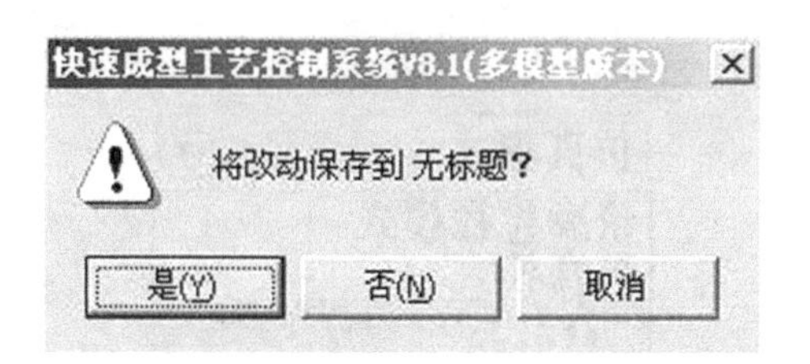

图 5-21

(9) 判断光功率是否正常，并做出相应的选择，见图5-22。

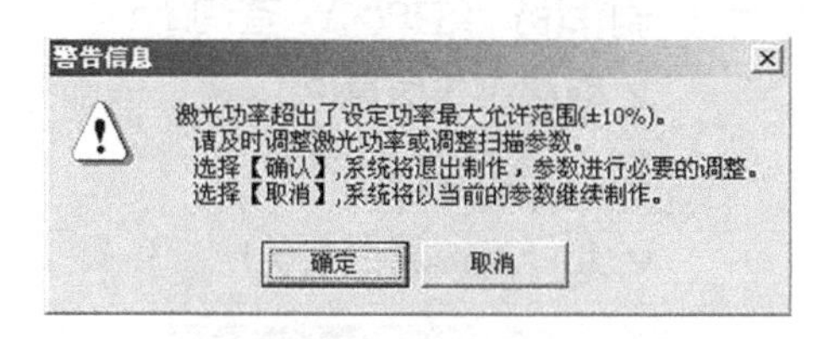

图 5-22

(10) 制作开始。激光在液态的光敏树脂上按照模型的轮廓进行扫描，见图5-23。

图 5-23

（11）制作完成后，系统会自动弹出下图中的提示，见图 5-24。

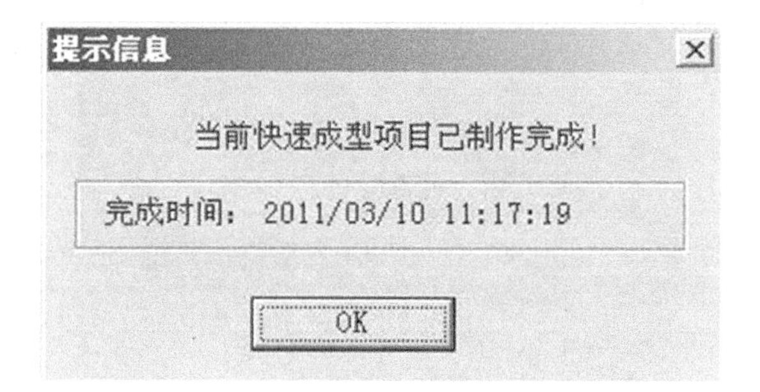

图 5-24

（12）使用铲刀等工具将做好的模型从网板上分离，见图 5-25。

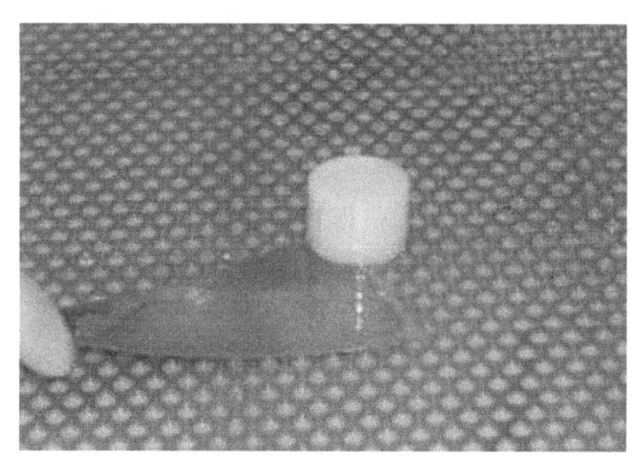

图 5-25

5.4 后处理

后处理是指整个零件成型完后所进行的辅助处理工艺，包括零件的清洗、支撑去除、打磨、表面喷漆以及后固化等。

清洗：将铲下的零件用酒精或者丙酮清洗干净。

去除支撑：用刀片将支撑与零件剥离，切除基本支撑。

打磨：将清洗干净的零件放入装有清水的塑料盆里，再根据表面质量要求，选择不同型号的砂纸，由低到高逐次对快速原型件进行打磨，直到符合要求，见图 5-26。

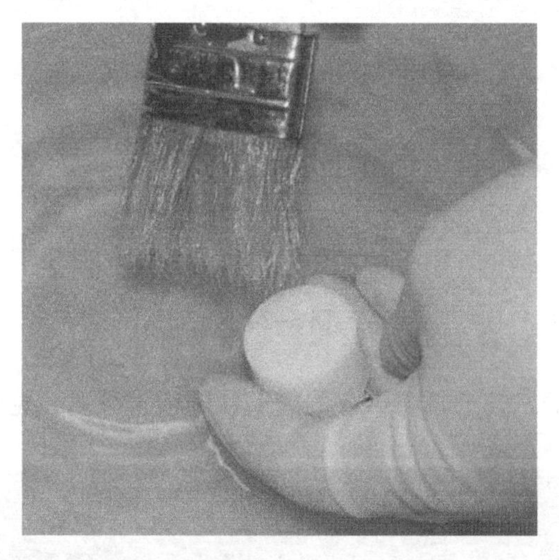

图 5-26

后固化：切除支撑后，为了获得良好的机械性能，可以放在后固化箱里进行二次固化。激光快速成型机配有专门的固化箱，用户可根据需要购买使用。

第六章　创意 3D 软件建模

6.1　3D 漫像—3DCAP

6.1.1　入门级实例课程

3D 动漫设计

使用软件：3DCAP 3.0　　难度系数：★　　课程时长：1 课时。

备注：体验+设计+打印。

第一步：打开软件。

在桌面上找到 3D 漫像 3Dcap，双击鼠标打开软件，见图 6-1。

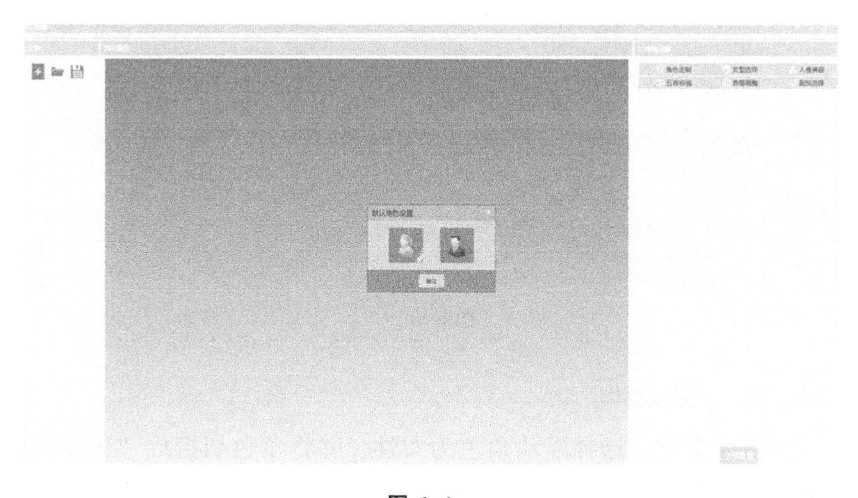

图 6-1

第二步：选择角色。

选择默认女性角色后如图 6-2 所示。

图 6-2

选择默认男性角色后如图 6-3 所示。

图 6-3

第三步：人物设计。

（1）百变造型。选择默认角色为女性，并将角色切换成“影视动漫”类别下的“黑寡妇造型”，见图 6-4。

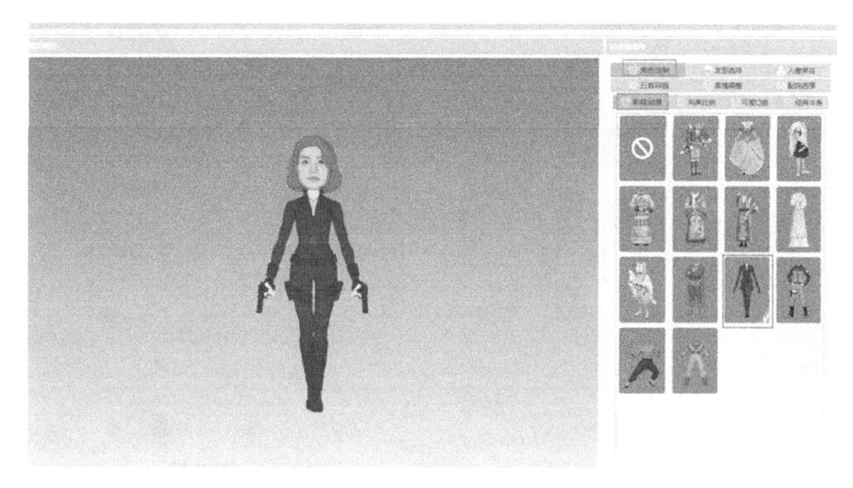

图 6-4

发现头发与脸型有些不符，切换发型，见图 6-5。

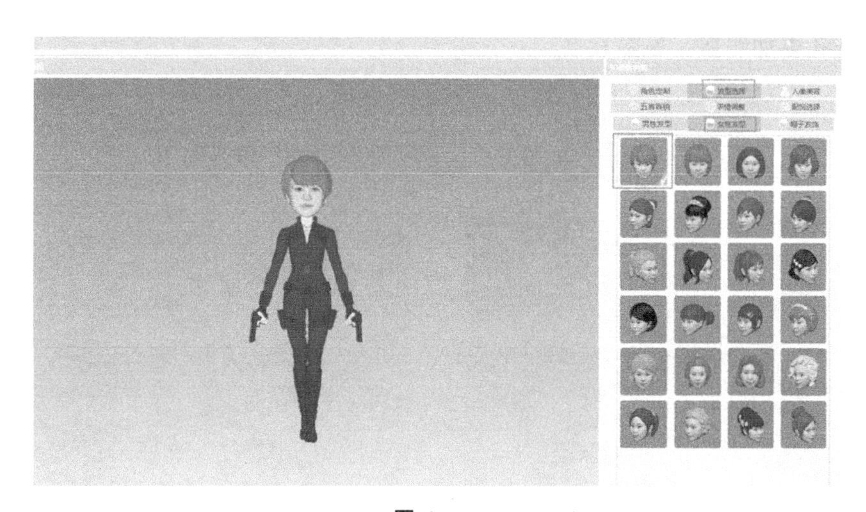

图 6-5

调整“人像美容”栏中的“亮眼效果”滑块，将数值从-0.77 向右调整至 2.06，使眼睛黑白更加分明，见图 6-6。

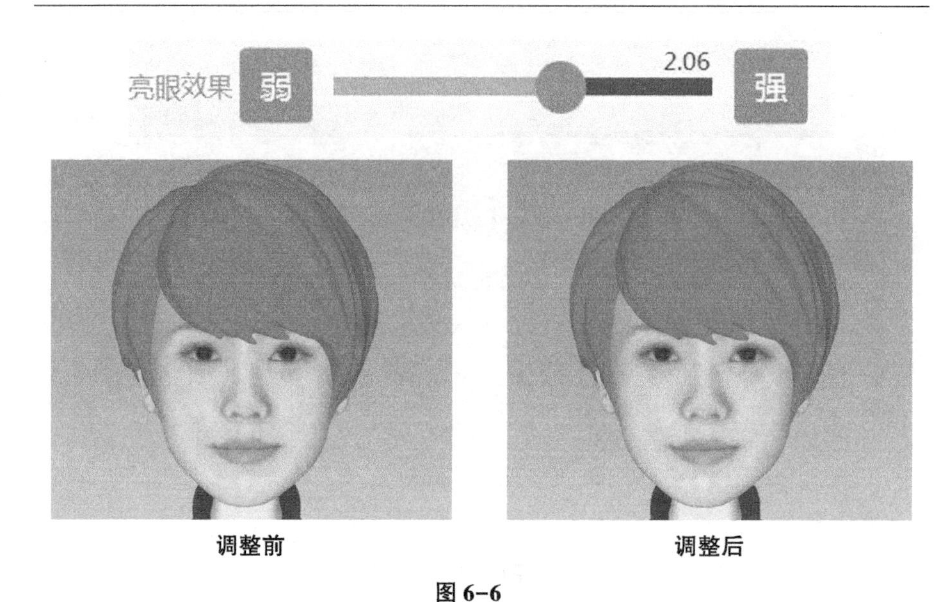

图 6-6

调整“人像美容”栏中的美瞳效果，将数值从 0.31 向左调整至-3.66，使瞳孔更加明亮，见图 6-7。

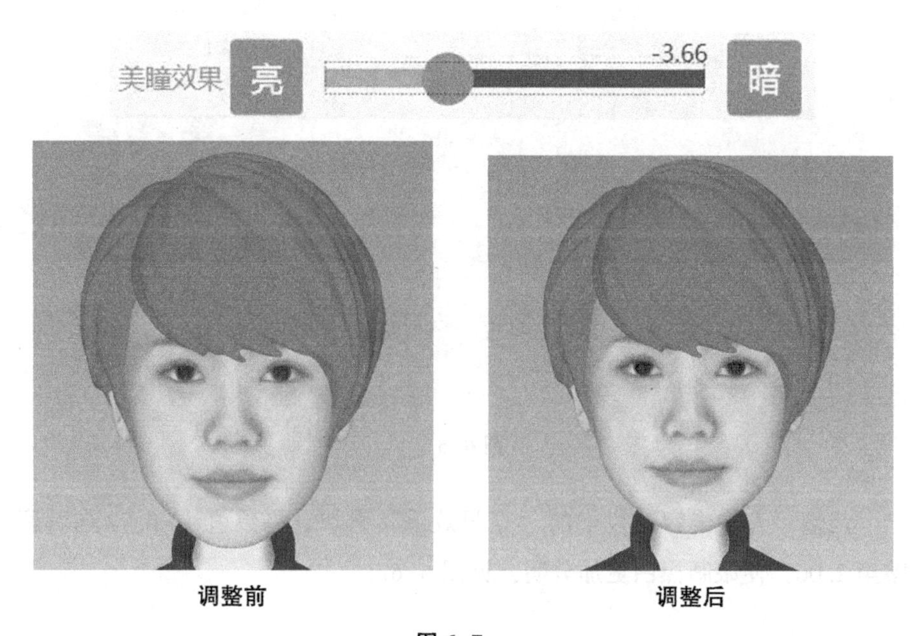

图 6-7

在“配饰选择”栏中，选择配饰和场景，见图6-8。

图6-8

（2）人物反串。选择默认角色为男性，并将角色切换成“影视动漫”类别下的“梦露造型”，见图6-9。

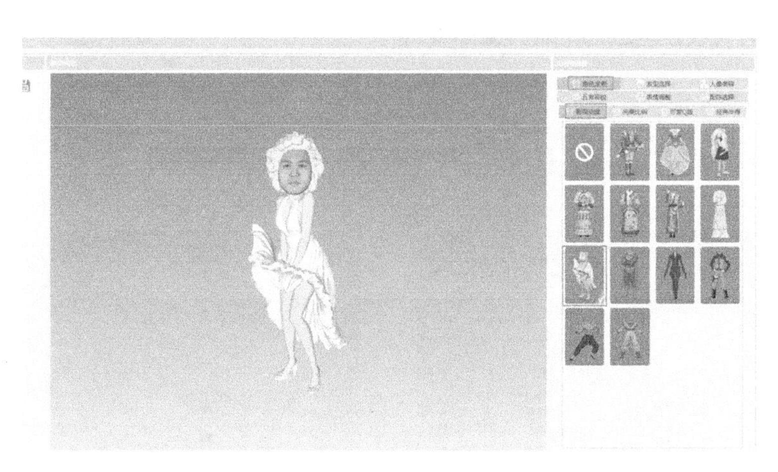

图6-9

调整“人像美容”栏中的“性别特征”滑块，将数值从-1.3向右调整至0.48左右，使男性特征变为女性特征，见图6-10。

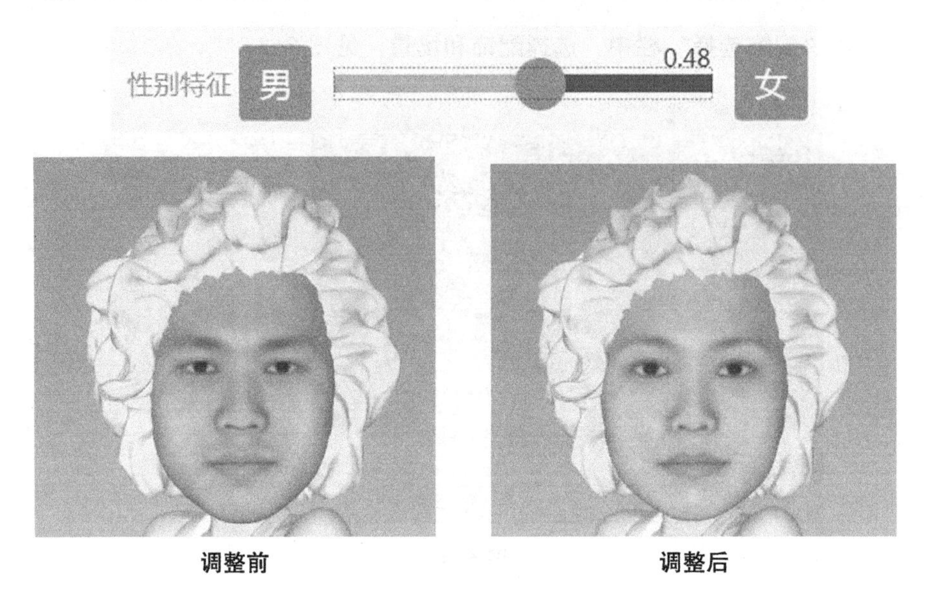

图 6-10

调整“人像美容”栏中的“瘦脸效果”滑块，将数值从 0. 32 向左调整至 0. 14，使脸型更加纤细，见图 6-11。

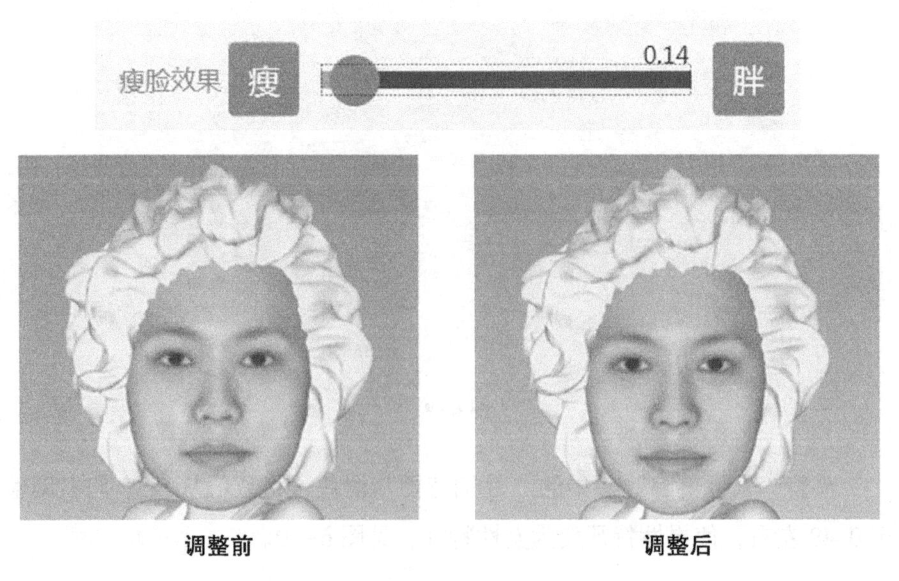

图 6-11

在“配饰选择”栏中选择好场景，见图 6-12。

图 6-12

第四步：保存数据。

点击桌面左上角的“保存按钮”，将数据保存为“STL”格式，即可用于后续的 3D 打印，见图 6-13。

图 6-13

6.1.2 二阶段实例课程

照片合成 3D 动漫人像

使用软件：3DCAP 3.0　　难度系数：★ ★　　课程时长：1 课时。

备注：拍照+设计+打印。

第一步：打开软件。

在桌面上找到 3D 漫像 3Dcap ，双击鼠标打开软件，见图 6-14。

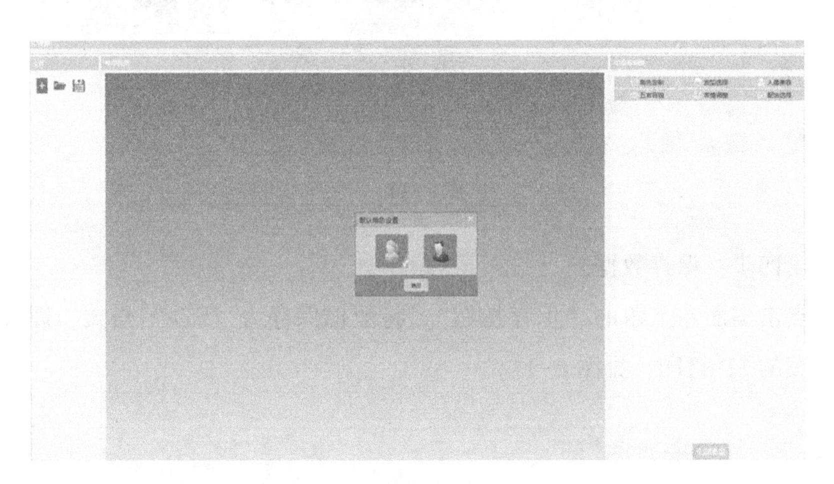

图 6-14

第二步：导入照片。

在默认角色设置对话框中点击“确定”按钮，然后点击左上角的“加载”按钮，见图 6-15。

图 6-15

进入照片合成界面，见图 6-16。

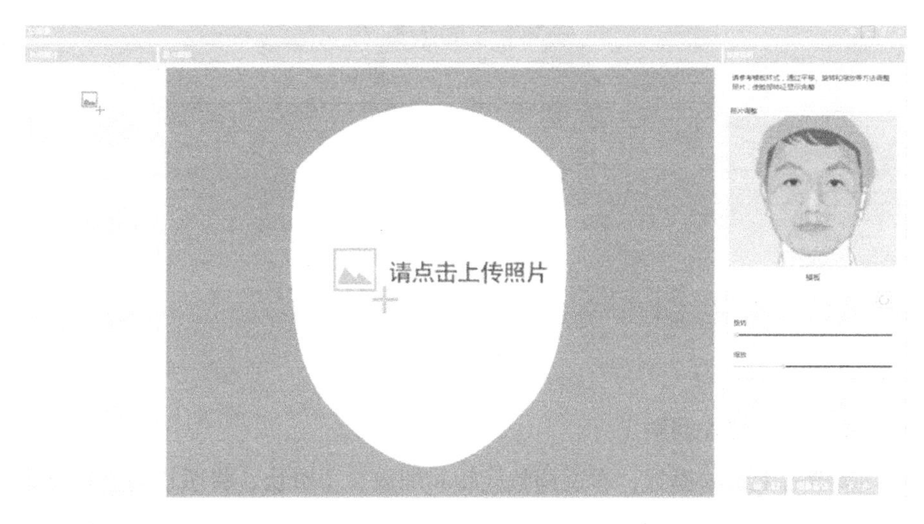

图 6-16

双击鼠标左键上传选项，见图 6-17。

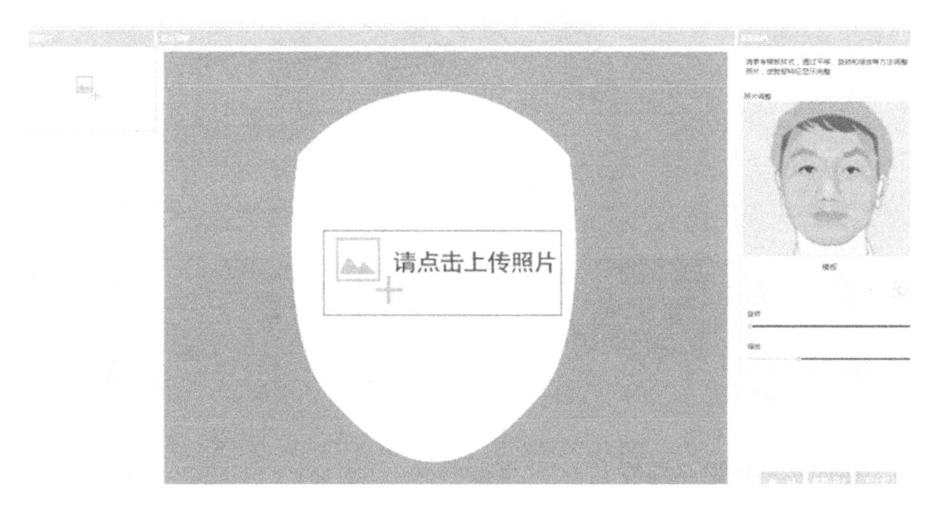

图 6-17

选择一张所需要合成的照片，见图 6-18。

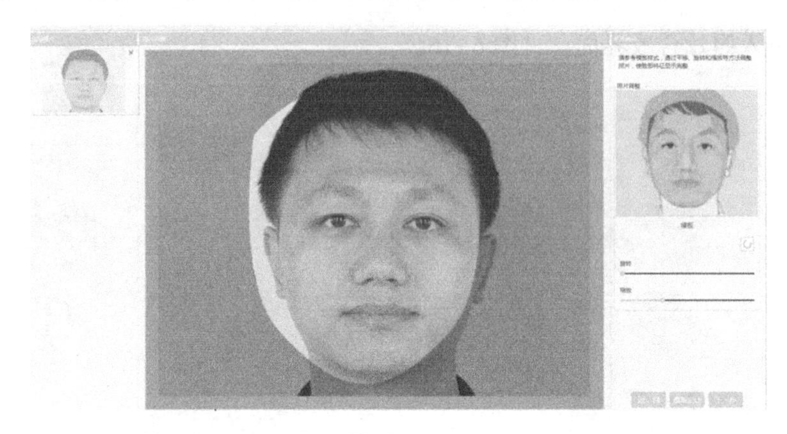

图 6-18

第三步：照片调整。

参考右上角的模板，通过调整旋转和缩放 2 个滑块，将照片调整到合适的大小，并通过鼠标左键将人物放置于白色区域的正中间，然后点击下一步，见图 6-19。

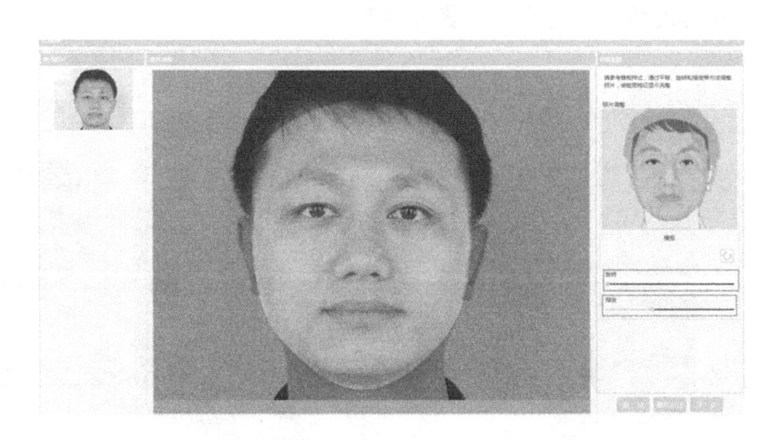

图 6-19

第四步：标记点调整。

将 11 个标记点按右上角的样板调整好，并根据照片人物选择相应的性别。点击下一步，等待软件自动合成数据，见图 6-20。

备注：点击左键可移动单个的标记点，将鼠标放置到标记点上后右侧会出现标记点位置的说明。

11 个标记点位置：

◆ 右眼：应放置在右眼珠中心。

◆ 左眼：应放置在左眼珠中心。

◆ 左颧骨：应放置在左鬓角内部，并且置于鼻子点上方（在照片中，鬓角下方最往外突出的点就是颧骨特征点）。

◆ 右颧骨：应放置在右鬓角内部，并且置于鼻子点上方。

◆ 左鼻瓣：应该放置在鼻子皮瓣的最外层边缘（差不多是鼻子两边最宽的地方）。

◆ 右鼻瓣：应该放置在鼻子皮瓣的最外层边缘。

◆ 右嘴角：应该放置在右嘴角尖处。

◆ 左嘴角：应该放置在左嘴角尖处。

◆ 右颚：下颚骨点基本和嘴角上的点在同一水平位置，但不用将其放置在鼻子轮廓和脸部轮廓的交线位置（高度上尽量靠近嘴角的点，但不要完全与其平行，接近即可）。

◆ 左颚：下颚骨点基本和嘴角上的点在同一水平位置；但不用将其放置在鼻子轮廓和脸部轮廓的交线位置（高度上尽量靠近嘴角的点，但不要完全与其平行，接近即可）。

◆ 下巴：应该放置在下巴底部的中间位置（可以以人中为参考）。

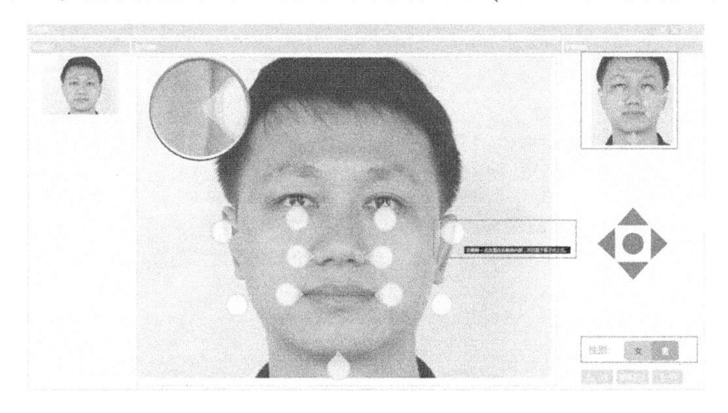

图 6-20

第五步：人物调整。

数据合成之后，可以选择所需的角色、发型、配饰等来组合出所喜欢的造型，见图 6-21。

图 6-21

第六步：保存数据。

点击左上角的“保存按钮”，将数据保存为“STL”格式，即可用于后续的 3D 打印，见图 6-22。

图 6-22

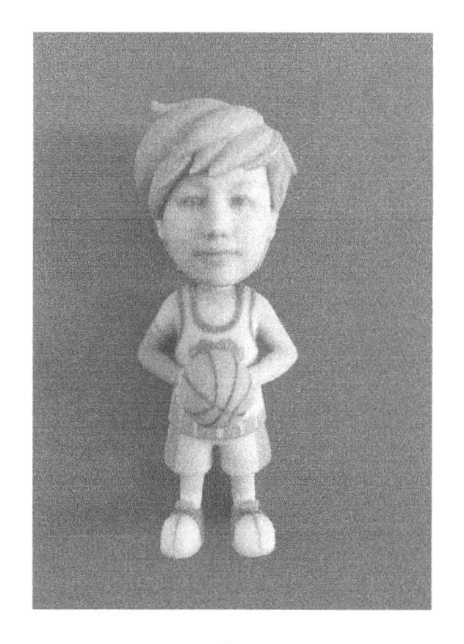

a.

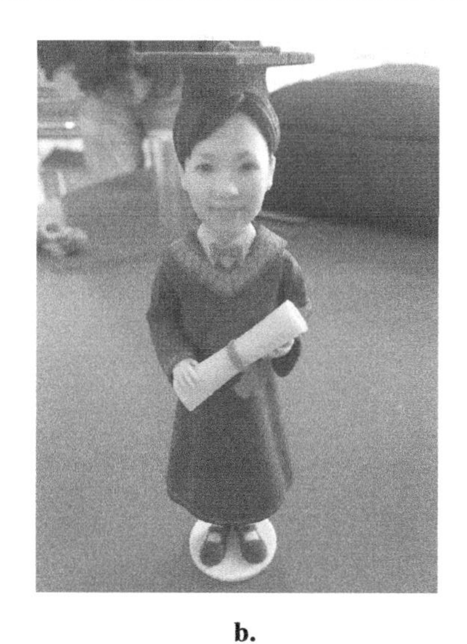

b.

图6-23

3. 不同年龄人物设计（岁月的变迁，见图6-23）

使用软件：3DCAP 3.0　　难度系数：★ ★　　课程时长：1课时。

备注：拍照+设计+打印。

第一步：打开软件。

在桌面上找到3D漫像3Dcap 

，双击鼠标打开软件，见图6-24。

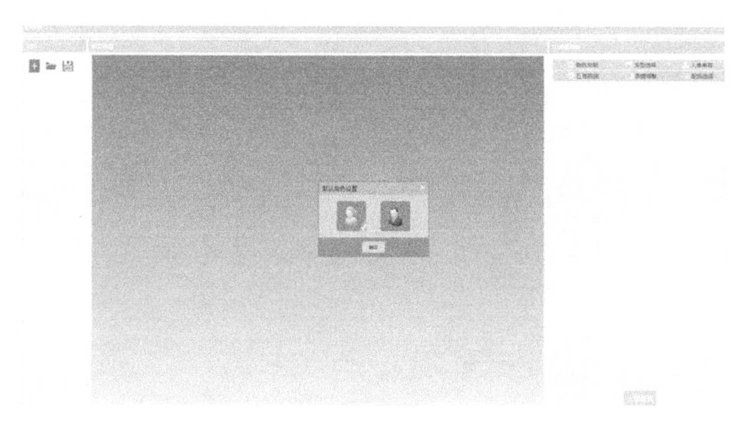

图6-24

第二步：合成人像。

依据上一课的教程，导入照片并合成好人像，见图 6-25。

图 6-25

在“人像美容”栏中，默认的年龄大小为 26. 5 岁。

备注：默认年龄由软件根据照片所合成的人像自动判断得出，见图 6-26。

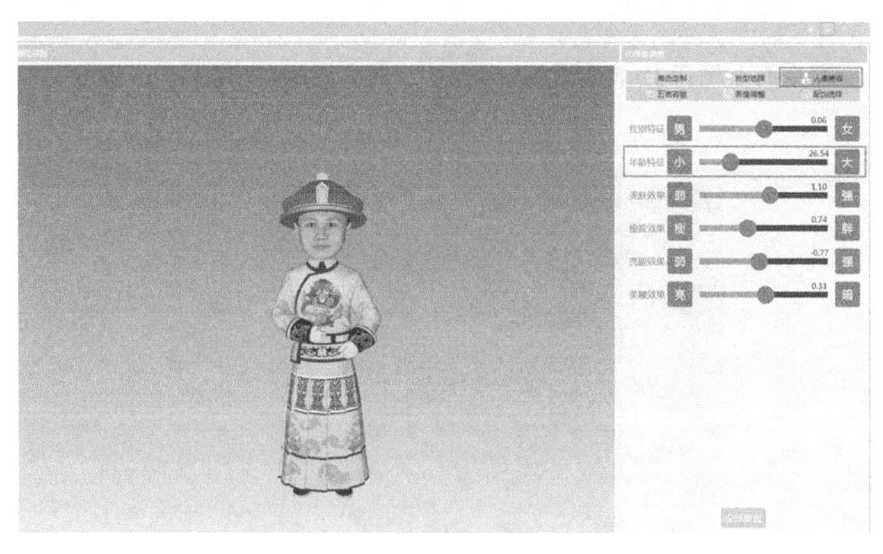

图 6-26

第三步：不同年龄的人物设计。

(1) 15岁。将“年龄特征”滑块向左调整为15岁，见图6-27。

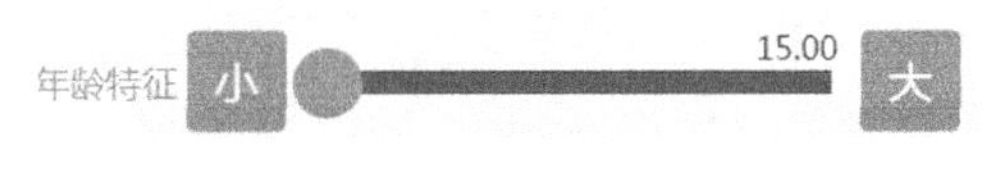

图 6-27

在“角色定制”栏中的“完美比例”栏中选择“青葱少年”角色，见图6-28。

图 6-28

在“表情调整”栏中，将表情调整为大笑，并将大笑指数调整为50，见图6-29。

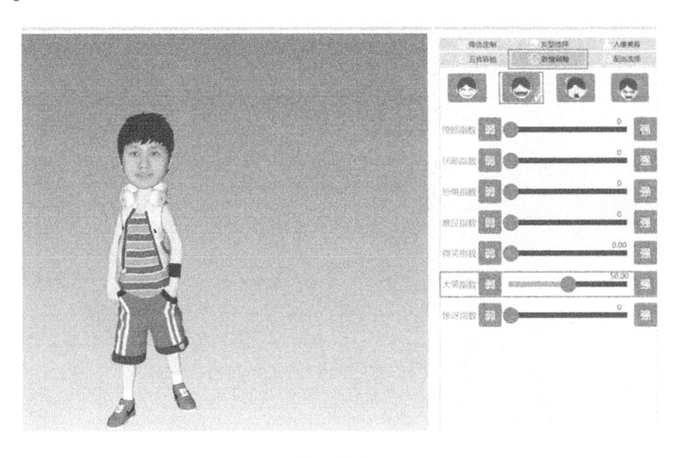

图 6-29

在“配饰选择”栏中配上“篮球场”场景，即可完成设计，见图 6-30。

图 6-30

（2）25 岁。将“年龄特征”滑块向右调整为 25 岁，见图 6-31。

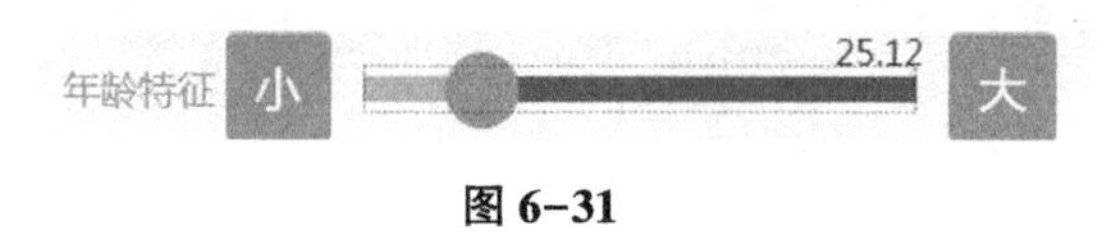

图 6-31

在“角色定制”中的“完美比例”栏中选择“时尚帅哥”角色，见图 6-32。

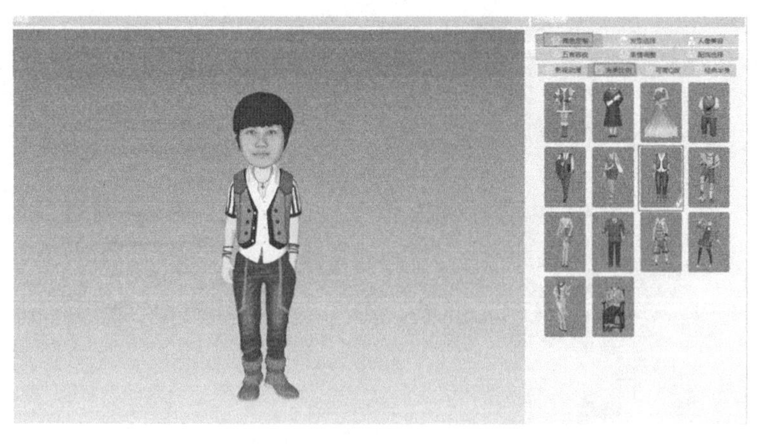

图 6-32

在“表情调整”栏中，将表情调整为微笑，并将微笑指数调整为30，见图6-33。

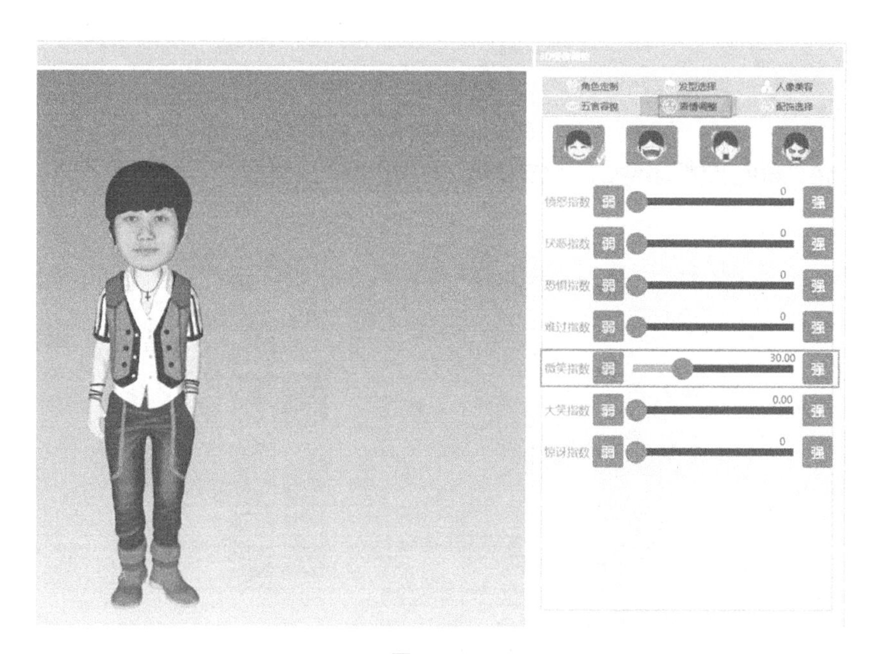

图6-33

在“配饰选择”栏中配上相应的场景，即可完成设计，见图6-34。

图6-34

（3）35 岁。将“年龄特征”滑块向右调整为 35 岁，见图 6-35。

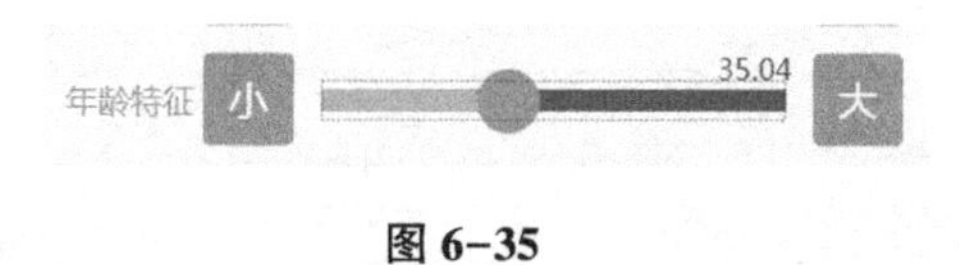

图 6-35

在“角色定制”栏中的“完美比例”栏中选择“白领先生”角色，见图 6-36。

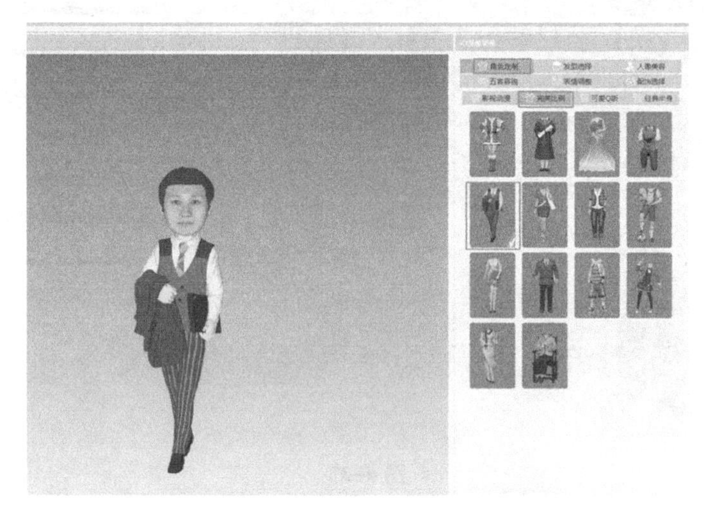

图 6-36

在“配饰选择”栏中配上相应的配饰和场景，即可完成设计，见图 6-37。

图 6-37

（4）45岁。将“年龄特征”滑块向右调整为45岁，见图6-38。

图6-38

在“角色定制”栏中的“完美比例”栏中选择“足球小子”角色，见图6-39。

图6-39

在“发型选择”栏中选择合适的男性发型，见图6-40。

图6-40

在“配饰选择”栏中配上相应的配饰和场景，即可完成设计，见图 6-41。

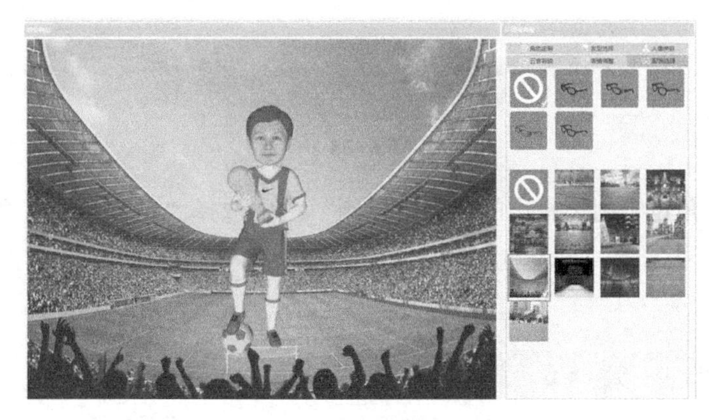

图 6-41

（5）55 岁。

将“年龄特征”滑块向右调整为 55 岁，见图 6-42。

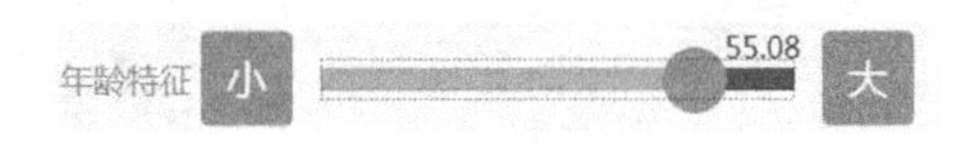

图 6-42

在“角色定制”栏中的“完美比例”栏中选择“儒士学者”角色，见图 6-43。

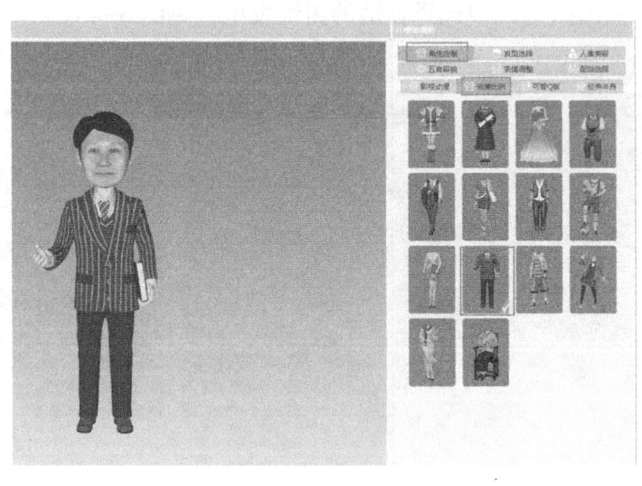

图 6-43

在“配饰选择”栏中配上相应的配饰和场景，即可完成设计，见图6-44。

图6-44

（6）65岁。将“年龄特征”滑块向右调整为65岁，见图6-45。

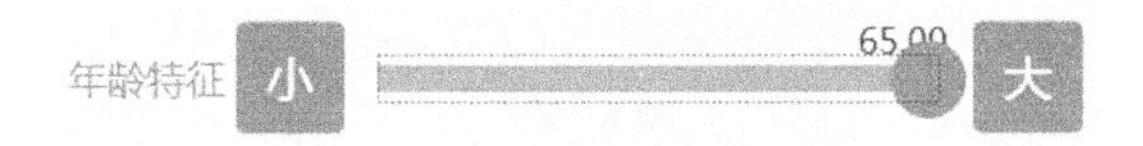

图6-45

在“角色定制”栏中的“完美比例”栏中选择“幸福品茶”角色，见图6-46。

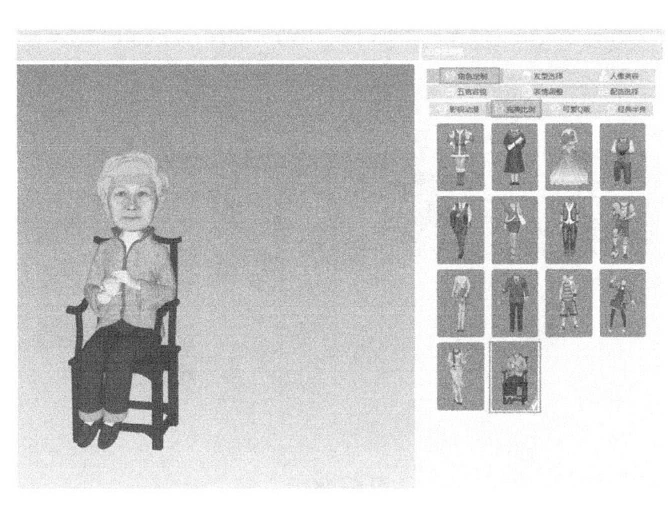

图6-46

在“发型选择”栏中选择合适的男性发型，见图 6-47。

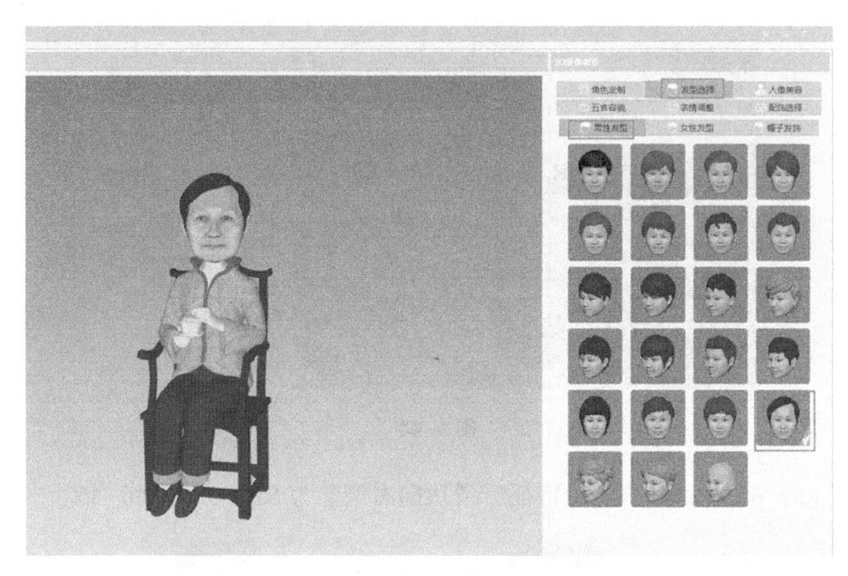

图 6-47

在“配饰选择”栏中配上相应的配饰和场景，即可完成设计，见图 6-48。

图 6-48

第四步：保存数据。

点击左上角的保存按钮，将数据保存为“STL”格式，即可用于后续的 3D 打印。

4. 不同地域人物设计

使用软件：3DCAP 3.0　　难度系数：★ ★　　课程时长：1 课时。

备注：搜索照片+设计+打印。

准备工作：先上网了解不同地域人物的特点，选择各个地域目标人物进行设计。

第一步：打开软件。

在桌面上找到 3D 漫像 3Dcap ，双击鼠标打开软件，见图 6–49。

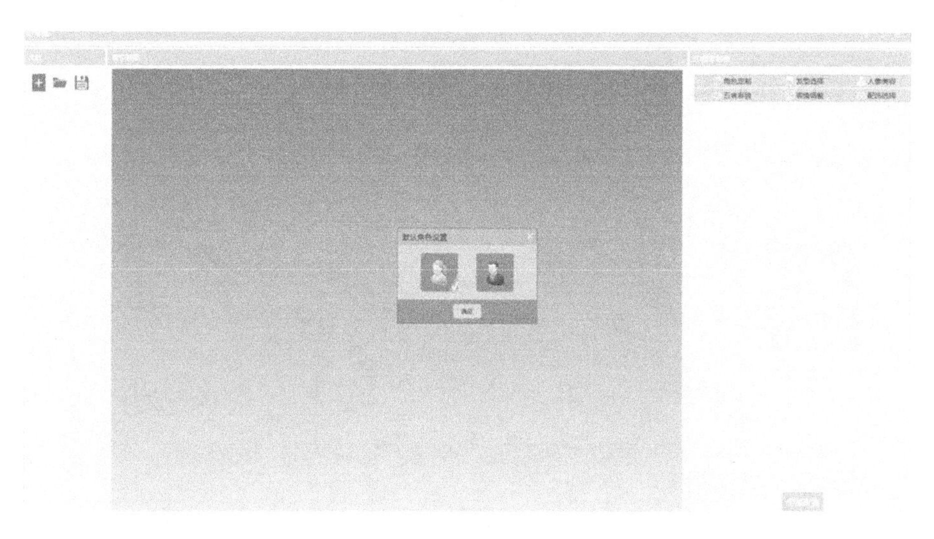

图 6–49

第二步：人像合成与设计。

（1）黄种人设计。导入一张标准的黄种人的照片，见图 6–50。

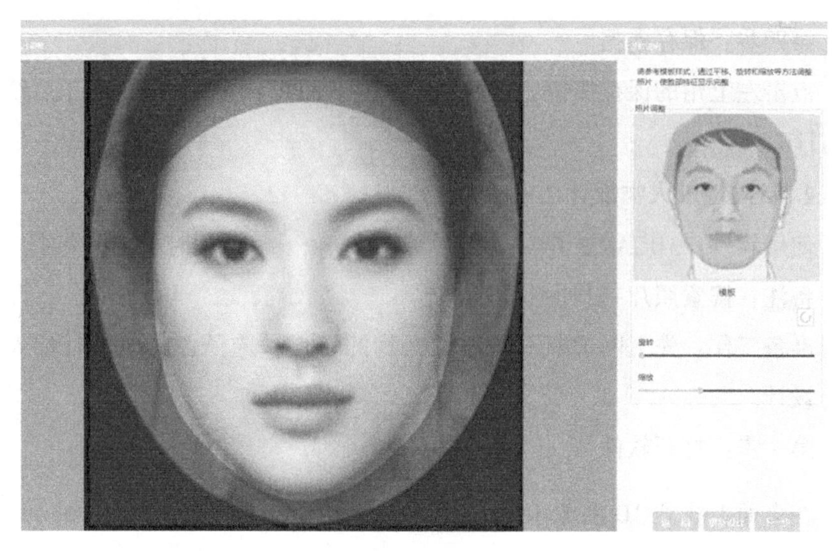

图 6-50

设置好标记点，并合成三维数据，见图 6-51。

图 6-51

选择“角色定制”栏中的“影视动漫”类中的“古典美女”角色，见图 6–52。

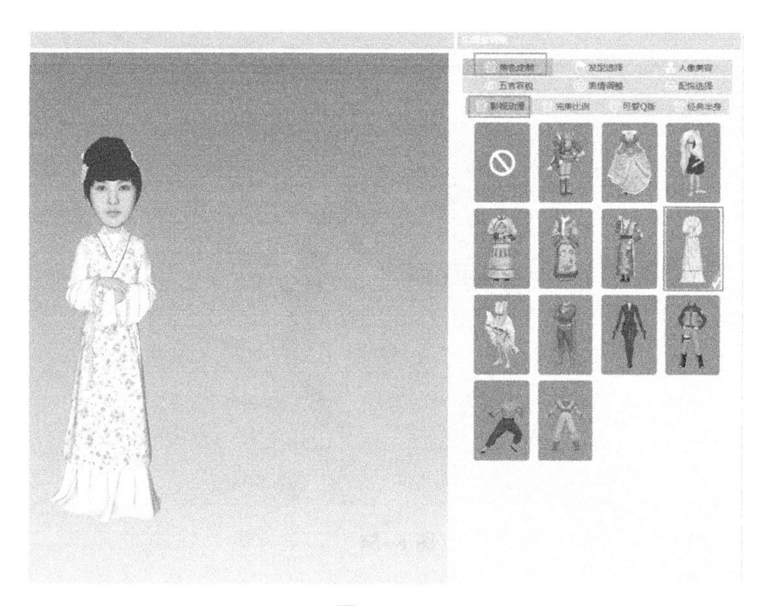

图 6–52

在“发型选择”栏中的“女性发型”栏中选择一个合适的发型，见图 6–53。

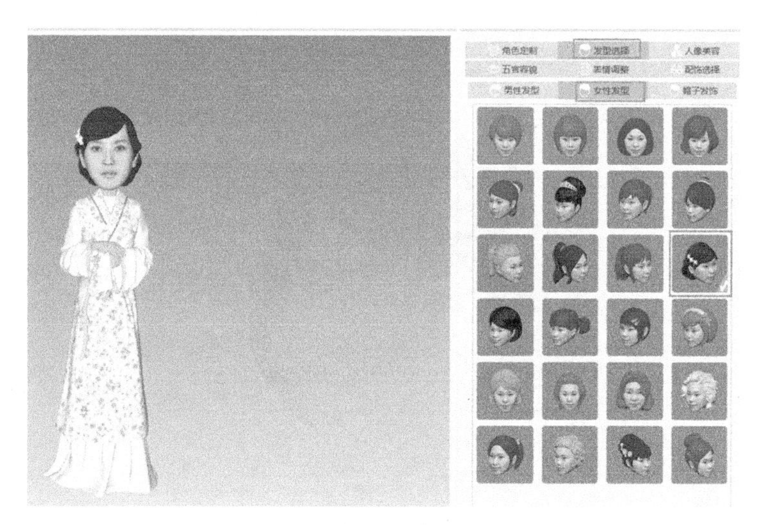

图 6–53

调整“人像美容”栏中的“亮眼”滑块，将数值从-0.77向右调整至1.98，见图6-54。

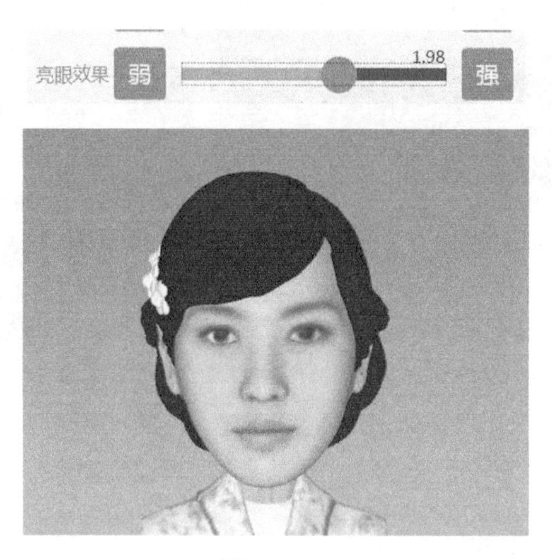

图6-54

调整“人像美容”栏中的“美瞳”滑块，将数值从0.31向左调整至-3.01，见图6-55。

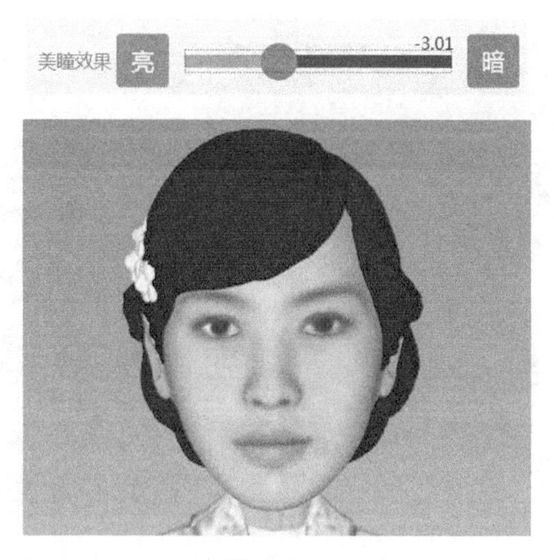

图6-55

调整表情为微笑，并将微笑指数调整为 50，见图 6-56。

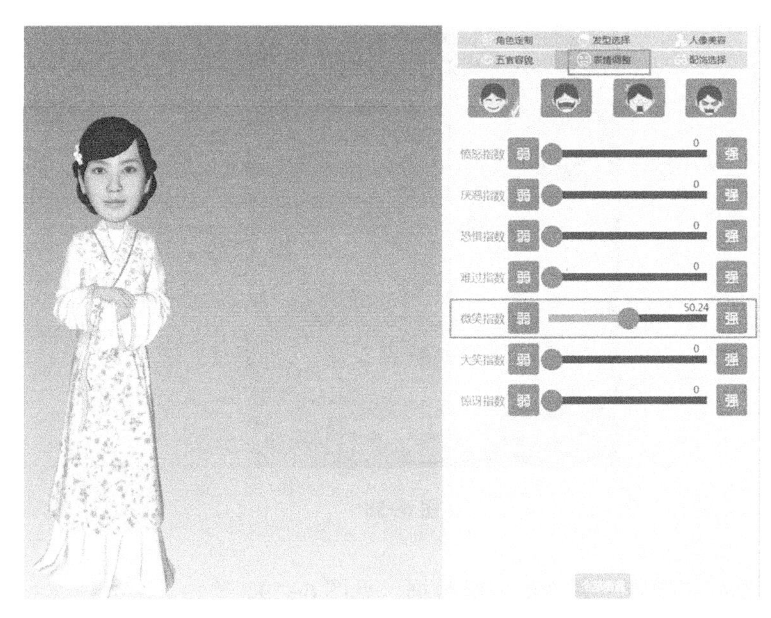

图 6-56

在“配饰选择”栏中，选择相应的配饰，即可完成设计，见图 6-57。

图 6-57

（2）白种人设计。导入一张标准的白种人的照片，见图 6-58。

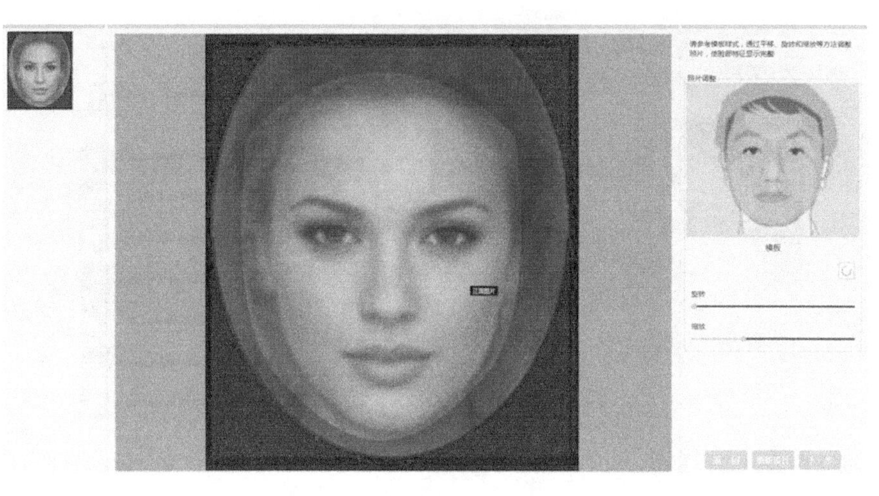

图 6-58

设置好标记点，并合成三维数据，见图 6-59。

图 6-59

选择“角色定制”栏中的“影视动漫”类中的“白雪公主”角色，见图6-60。

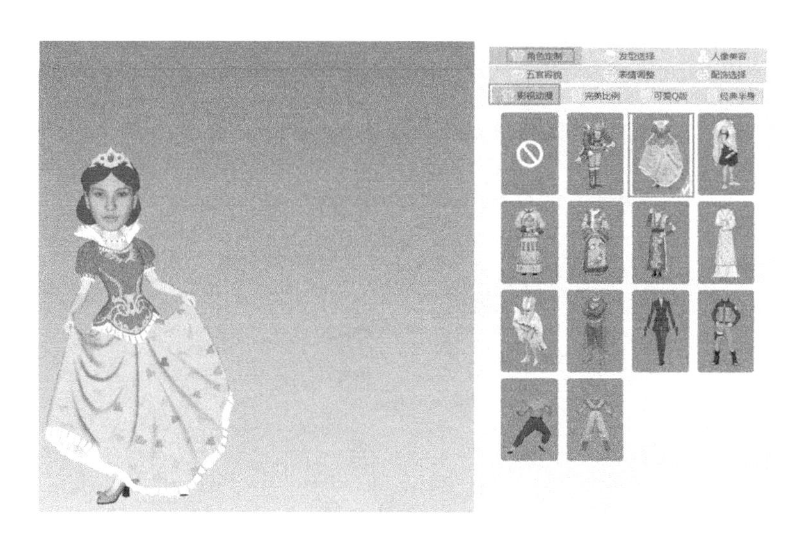

图6-60

在“发型选择”栏中的“女性发型”中选择一个合适的发型，见图6-61。

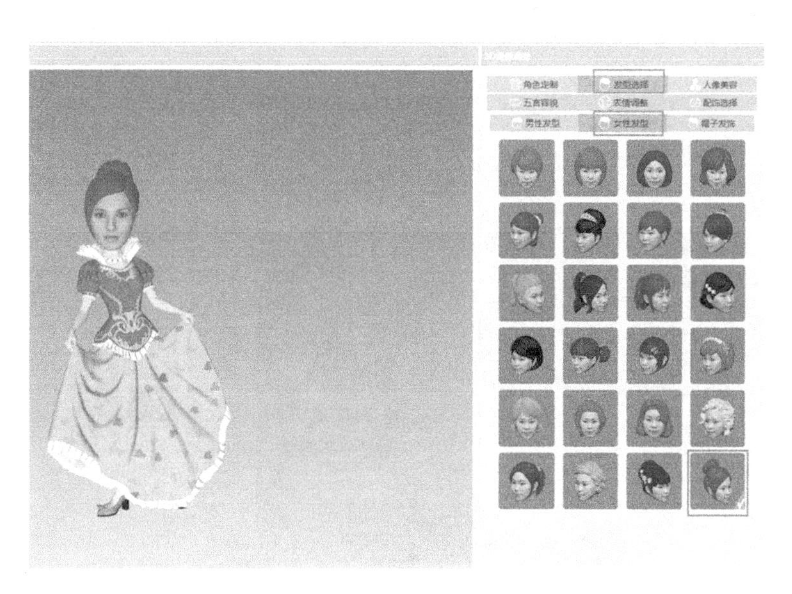

图6-61

在“人像美容”栏，将“亮眼效果”和“美瞳效果”的值分别调整至 1. 01 和-2. 28，见图 6-62。

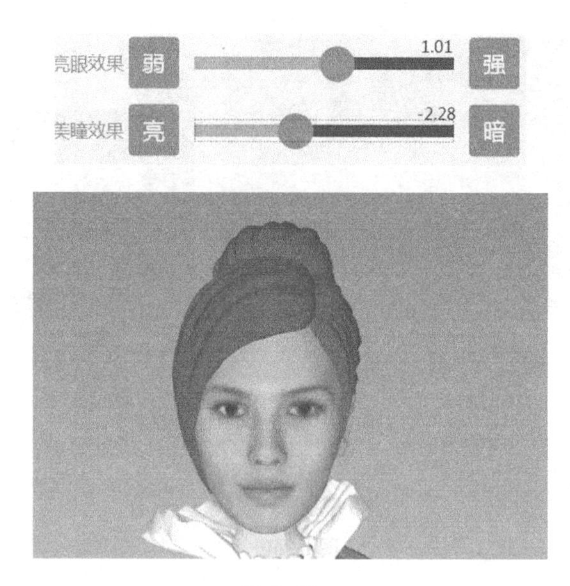

图 6-62

在“配饰选择”栏中选择合适的配饰，即可完成设计，见图 6-63。

图 6-63

（3）黑种人设计。导入一张标准的黑种人的照片，见图 6-64。

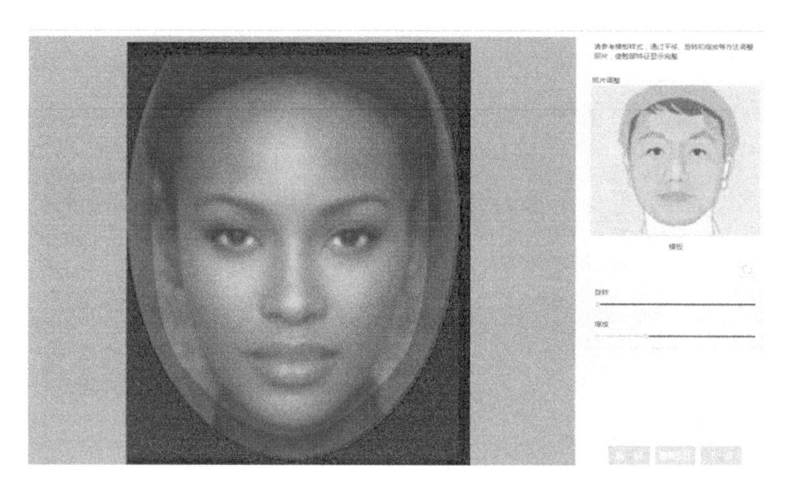

图 6-64

设置好标记点，并合成三维数据，见图 6-65。

图 6-65

选择“角色定制”栏中的“影视动漫”类中的“黑寡妇”角色，见图 6-66。

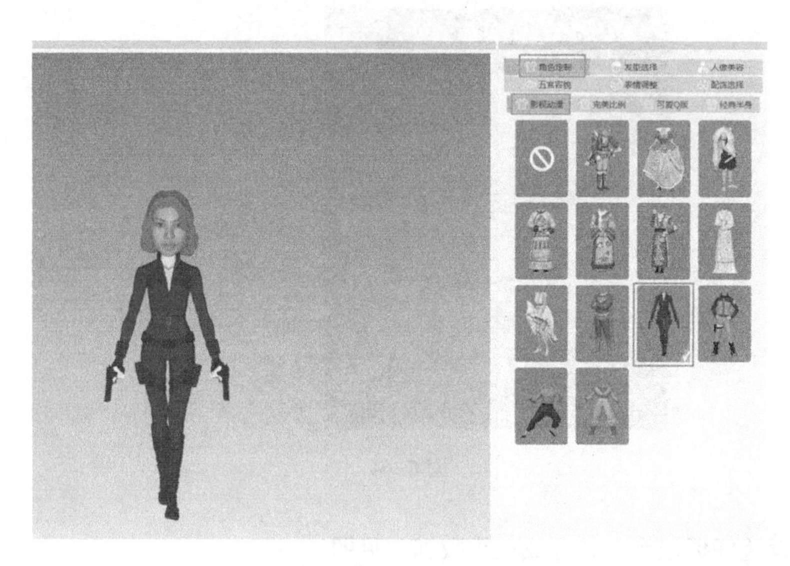

图 6-66

在“发型选择”栏中的“女性发型”栏中选择一个合适的发型，见图 6-67。

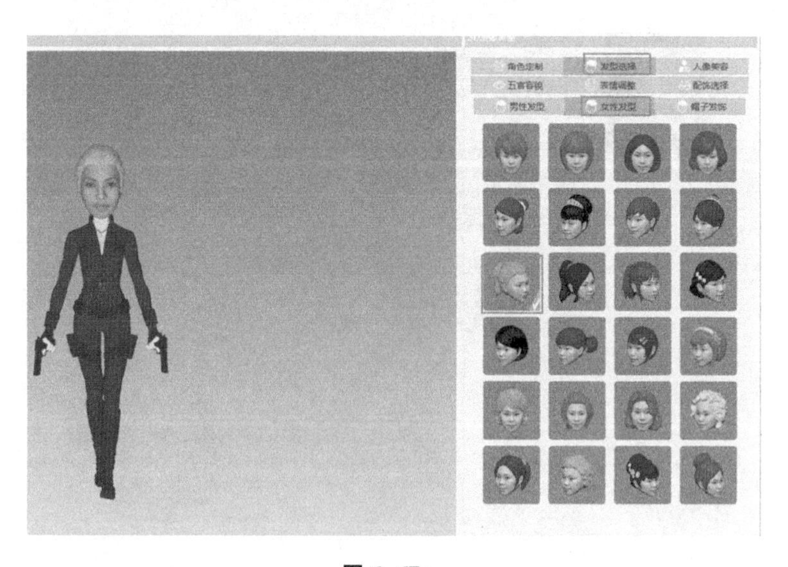

图 6-67

在"表情调整"栏，将表情调整为愤怒，并将愤怒指数调整为 50，见图 6-68。

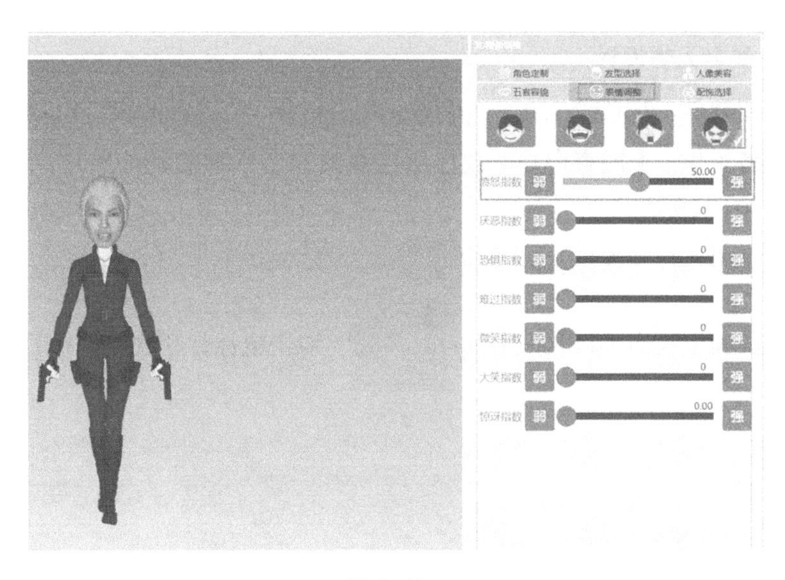

图 6-68

在"配饰选择"栏中选择合适的配饰，即可完成设计，见图 6-69。

图 6-69

第三步：保存数据。

点击左上角的保存按钮，将数据保存为“STL”格式，即可用于后续的3D 打印。

5. 知名人物设计

使用软件：3DCAP 3.0　　难度系数：★ ★　　课程时长：1 课时

准备工作：上网查询并下载你所喜欢的知名人物的证件照片，用于下一步的 3D 漫像设计。

第一步：打开软件。

在桌面上找到 3D 漫像 3Dcap ，双击鼠标打开软件，见图 6-70。

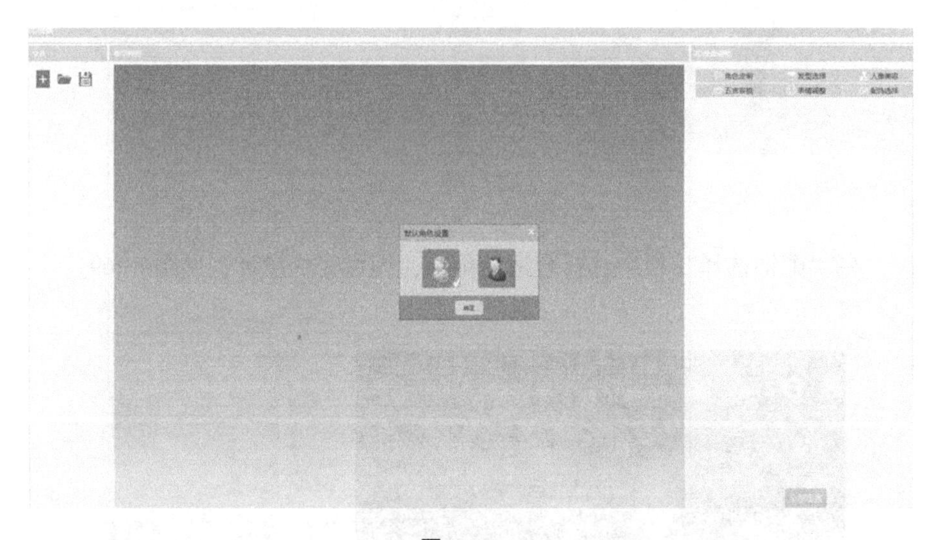

图 6-70

第二步：人物合成。

导入一张已下载好的知名人物的照片，并合成三维人像数据，见图6-71。

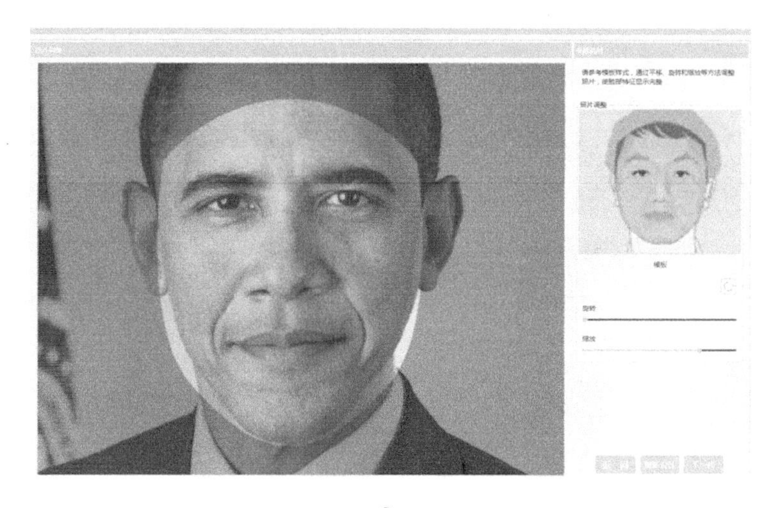

a.

b.

图6-71

第三步：人像设计。

(1) 正装版奥巴马。在“角色定制”栏中，选择“完美比例”栏，并选择“儒士学者”角色，见图6-72。

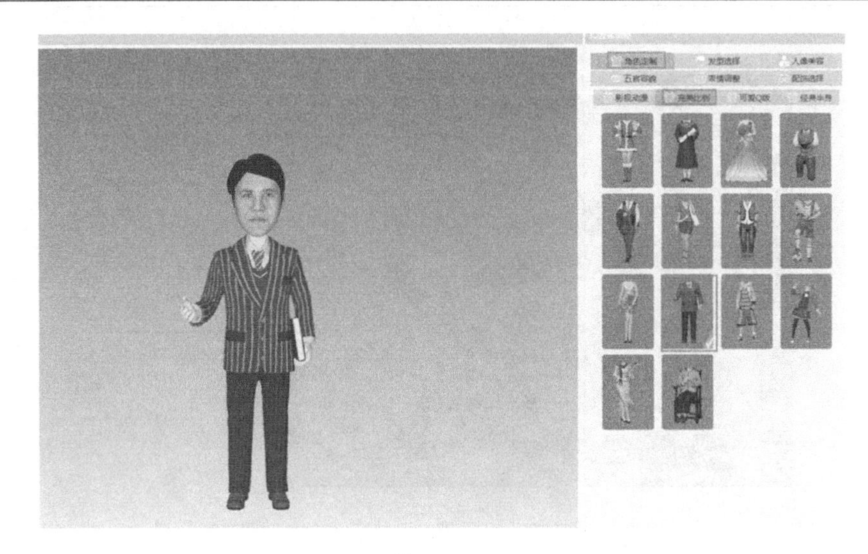

图 6-72

在“发型选择”栏中，选择“男性发型”栏，并选择人物符合的发型，见图 6-73。

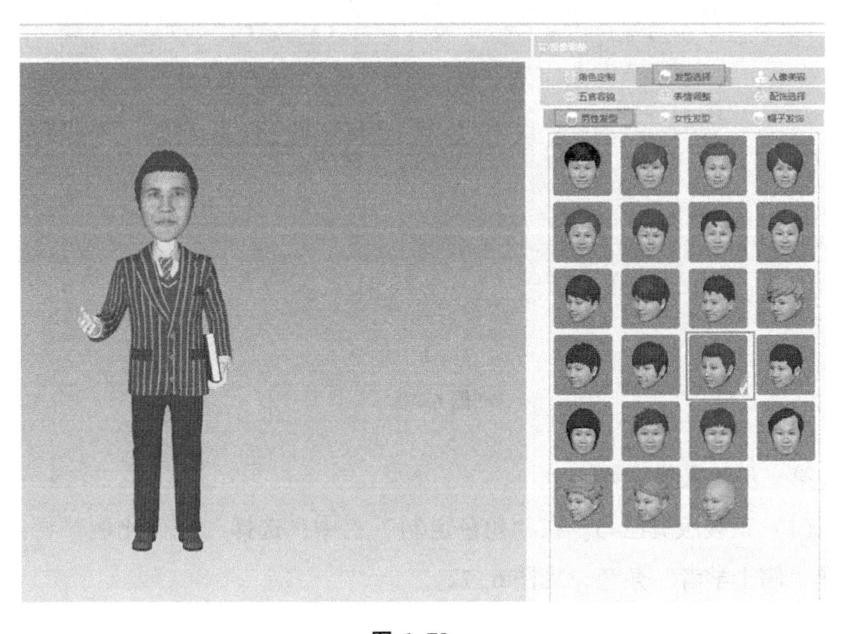

图 6-73

在“表情调整”栏中，点击“微笑”按钮，或将微笑指数调整为 30，将人物表情变更为微笑，见图 6-74。

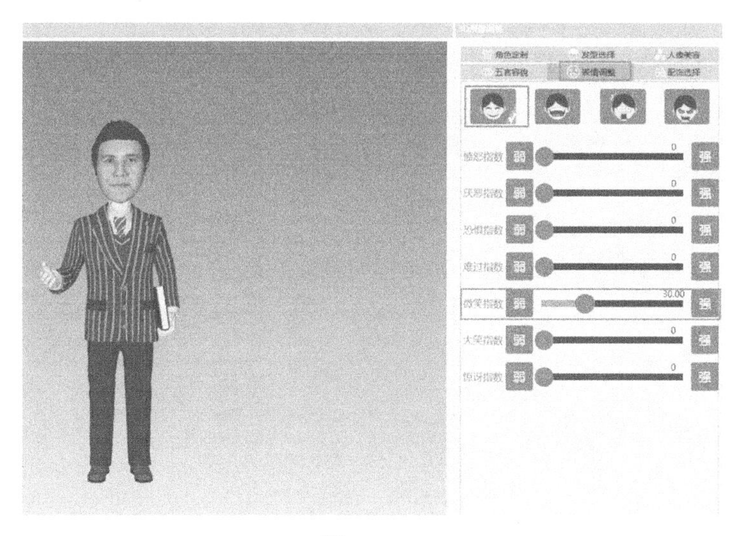

图 6-74

最后，在“配饰选择”栏中，配上眼镜和背景，正装版奥巴马便完成了，见图 6-75。

图 6-75

（2）超人版奥巴马。在“角色定制”栏中，选择“影视动漫”栏，并选择“超人”角色，见图 6–76。

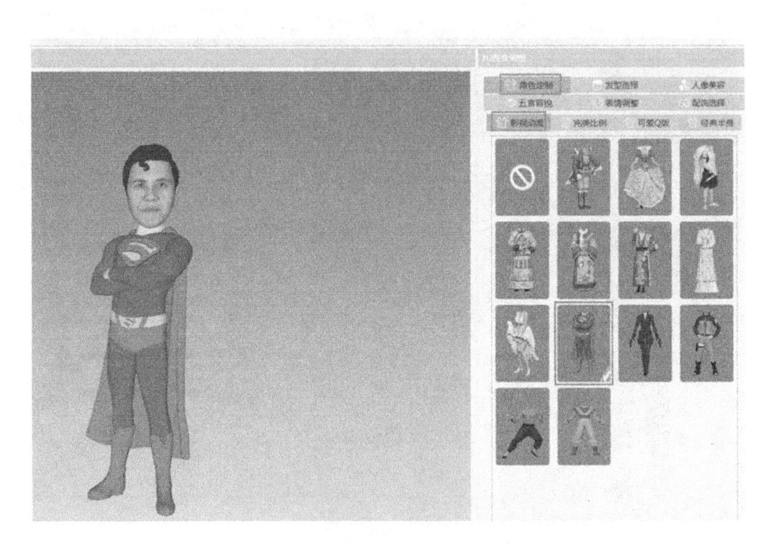

图 6–76

在“人像美容”栏，将年龄大小调整为 25 岁左右，见图 6–77。

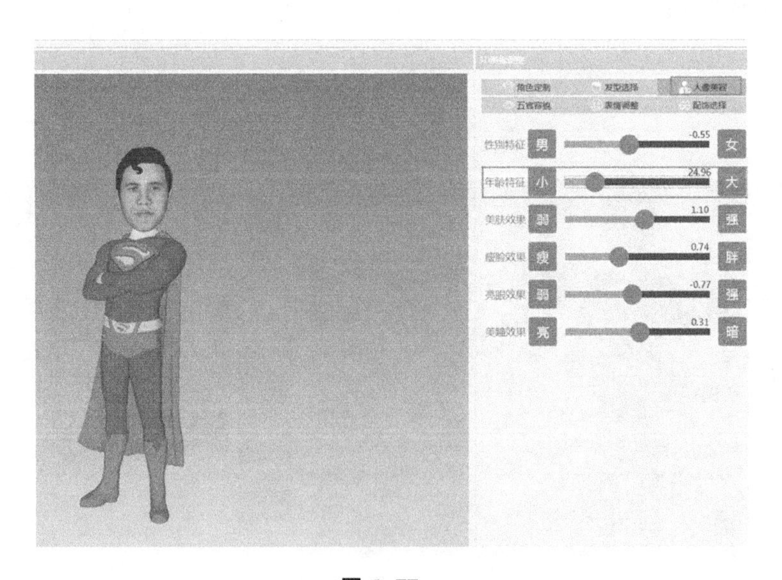

图 6–77

在“表情调整”栏中，将大笑指数调整为 70 左右，见图 6-78。

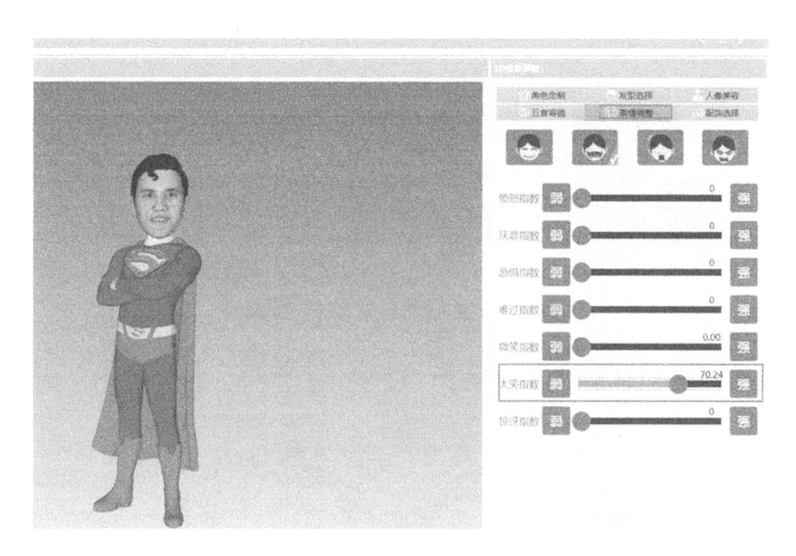

图 6-78

在“配饰选择”栏中，配上相应的背景，即可完成超人版奥巴马的设计，见图 6-79。

图 6-79

（3）皇后版奥巴马。在“角色定制”栏中，选择“影视动漫”栏，并选择“皇后”角色，见图 6-80。

图 6-80

在“人像美容”栏中，将“性别特征”数值调整至 2，“年龄大小”数值调整至 25，“美肤效果”数值调整至 1.5，见图 6-81。

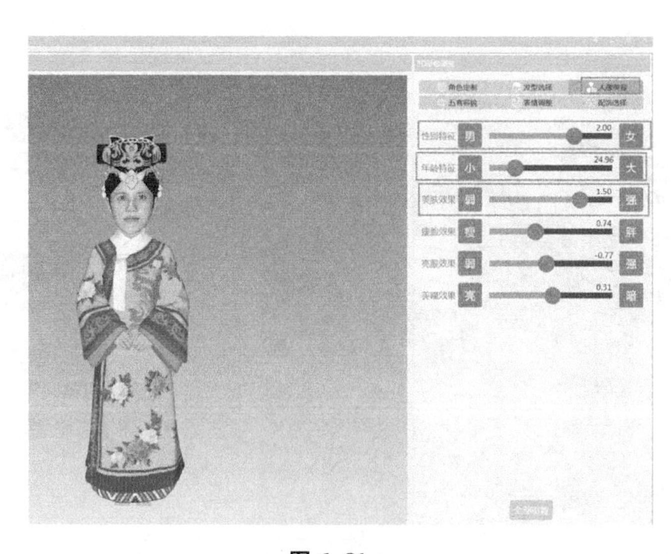

图 6-81

在“表情调整”栏中，将人物表情变更为微笑，并将微笑指数调整为30，见图6-82。

图6-82

在“配饰选择”栏中，选择喜欢的背景，即可完成皇后版奥巴马的设计，见图6-83。

图6-83

第四步：保存数据。

点击左上角的保存按钮，将数据保存为“STL”格式，即可用于后续的 3D 打印。

6.1.3 三阶段实例课程

3D 漫像专业版体验

使用软件：3DCAP 3.0（专业版）　　难度系数：★ ★ ★。

课程时长：1 课时。

备注：设备调整+实际设备操作+软件合成+打印。

第一步：设备安装。

整套 3D 漫像系统由 1 个三脚架、1 条电源线、3 条 USB 接线、一颗内六角螺丝、一台 3D 漫像主体设备，以及一个加密狗组成，见图 6-84。

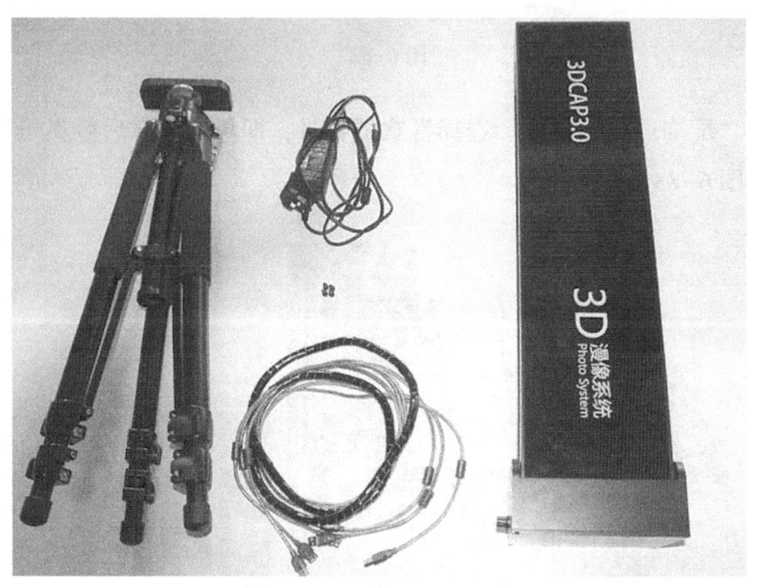

图 6-84　3D 漫像系统整体组成图

主体设备下部有一个旋钮、三个 USB 接口以及一个电源插口。旋钮为补光灯的开关，若现场光线不佳，可以打开补光灯，并根据需要调节亮度。

USB 接口可通过 USB 接线与电脑相连接。USB 插口示意图见图 6-85。

图 6-85　USB 插口示意图

按下图中位置将设备通过插销，直接插入三脚架，并使用螺丝固定好，固定螺栓示意图 6-86。

图 6-86　固定螺栓示意图

将三脚架拉伸至最大，放置在地面上，插上电源以便于 USB 线与电脑相连。3D 漫像系统整体示意图见图 6-87。

图 6-87　3D 漫像系统整体示意图

第二步：软件安装。

将设备附带 U 盘中的“3DCAP. exe”拷贝至本地电脑（或直接双击运行）。双击“3DCAP. exe”，弹出如下页面之后，再点击“下一步”，见图6-88。

图 6-88

选择好路径，点击安装，等待安装完成，见图 6-89。

3D 漫像安装程序

程序安装目录：

C:\Program Files (x86)\3DCAP　　更改目录

☑添加桌面快捷方式

☐开机自动运行程序

欢迎　　安装　　完成　　安装　　取消

图 6-89

安装完成后，在使用软件时，请保持授权 U 盘一直连接在电脑上，点击 3D 漫像软件快捷方式启动软件；否则，软件将无法启动，并会弹出错误提示。

第三步：系统设置。

点击 3dcap，打开软件，界面如下图所示，见图 6-90。

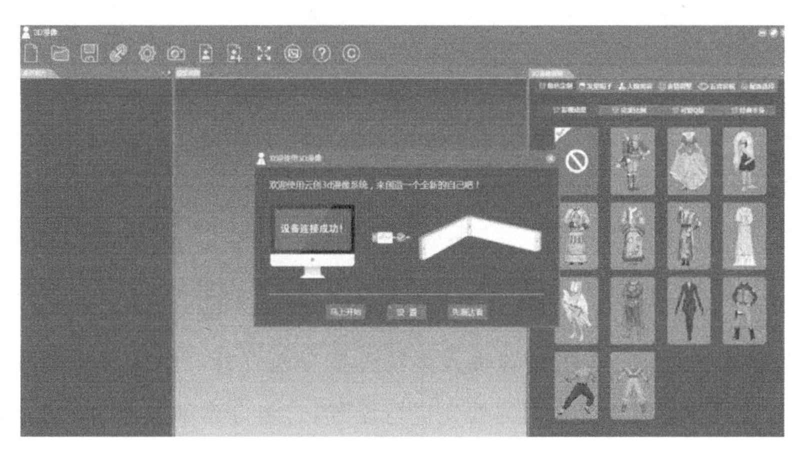

图 6-90

软件打开后，会自动检测硬件设备是否连接好。如果设备连接正常，软件初始页面就会显示“设备连接成功”；如果设备连接不成功，软件就会提示用户检查设备连接。

如点击“先溜达看”，则会出现默认选择界面，见图6-91。

图 6-91

选择男士或者女士并点击确认后，就会出现默认数据，可以先进行体验操作，见图6-92。

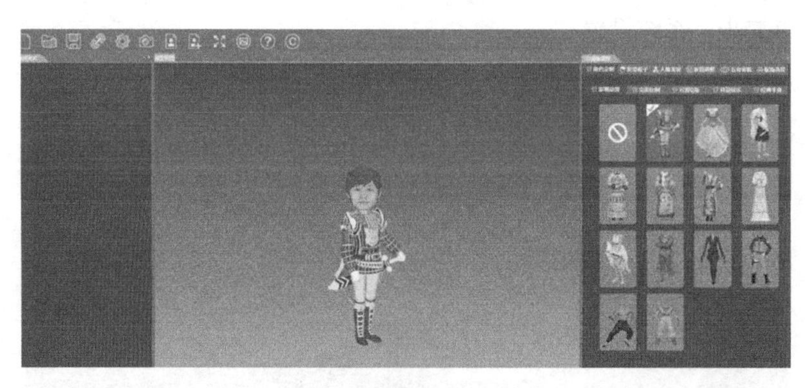

图 6-92

设备连接之后，点击设置进入系统设置界面（注：第一次使用或者系统USB连接位置发生变化时需要先进行设置），将分辨率选择为1280×720，并根据摄像头中人物的位置，调整好正面和左、右侧面三个拍摄位置。调整结果如下图所示，见图 6-93。

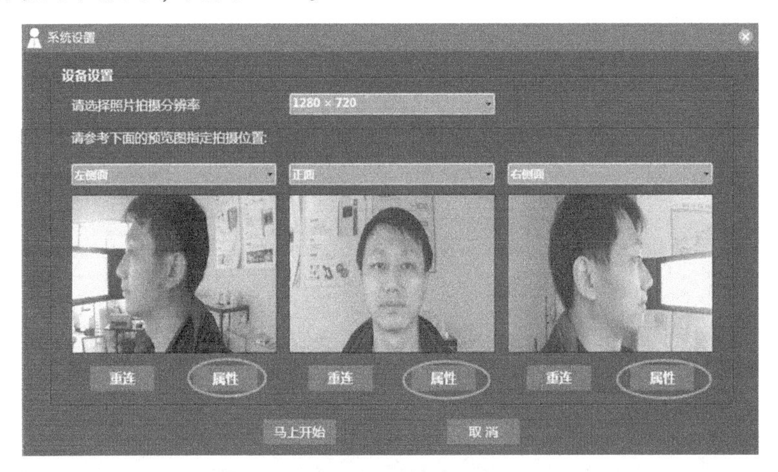

图 6-93

若设置时，发现即使打开补光灯，预览图的效果仍不佳（比如颜色偏暗淡）的话，还可通过点击“属性”按钮进行详细参数设置。通常需要调整亮度、色调等选项，以达到比较好的效果，下面是正面位置和右侧面调整前后的对比。

正面调节前，见图 6-94。

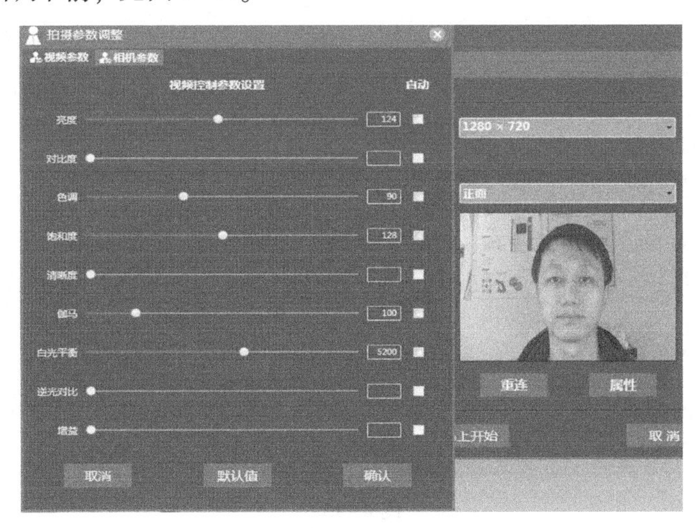

图 6-94

正面调节后，见图 6-95。

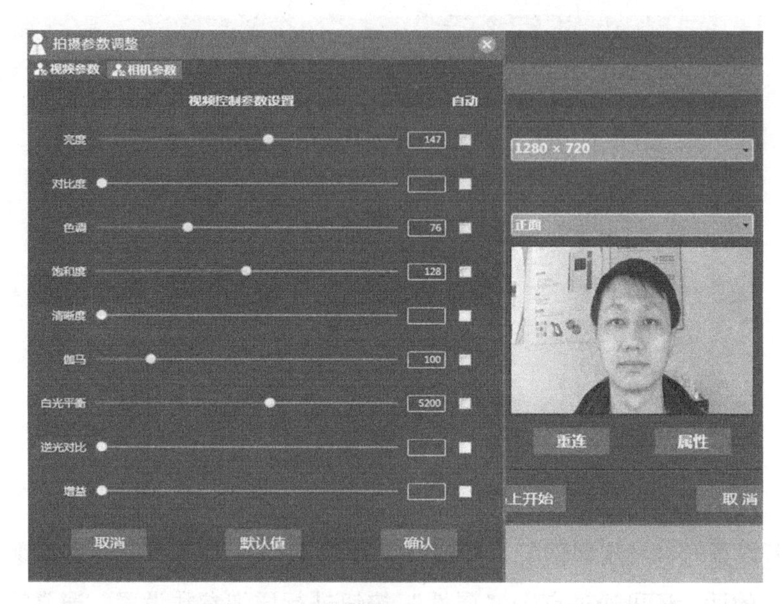

图 6-95

右侧面调节前，见图 6-96。

图 6-96

右侧面调节后，见图 6–97。

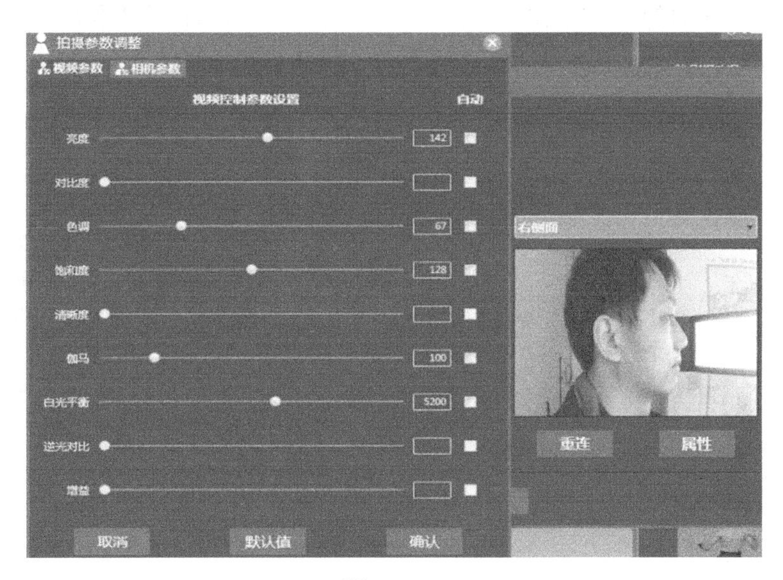

图 6–97

调整完成后如下图所示。

注：由于拍摄的照片质量高低对于合成结果影响非常大，请尽可能保证使用现场光线充足、柔和，因此补光灯仅能作为辅助手段，见图 6–98。

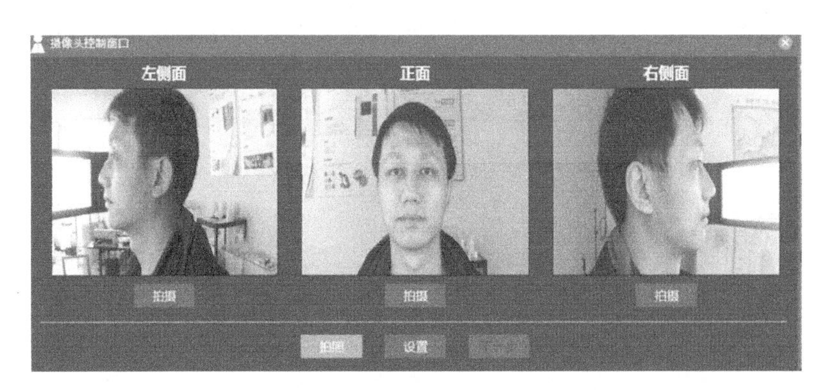

图 6–98

在调节过程中，可通过点击拍摄参数调整对话框中的“默认值”，即可返回初始状态。

第四步：数据获取。

设置好摄像头之后点击“马上开始”，就会进入摄像头工作状态。请保证现场的光线充足，数据预览效果良好，点击拍摄即可获取面部的正面以及左右侧面的数据，如图 6-99 所示。

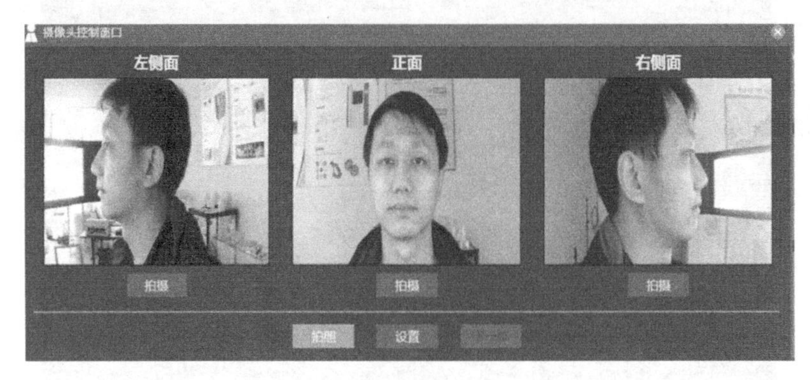

图 6-99

如果电脑上有已经用手机或者用相机拍摄好的照片，可以通过软件的照片加载功能来进行合成，见图 6-100（如果需要用单张照片来合成，那么只加载单张照片即可）。

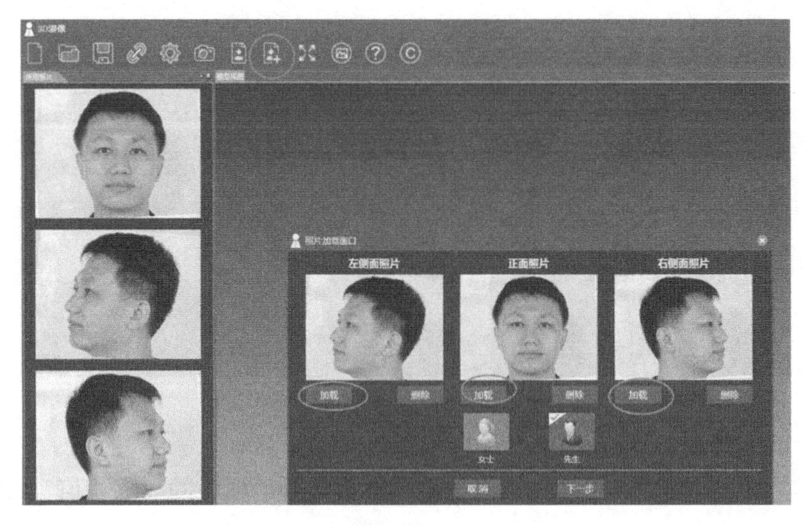

图 6-100

第五步：数据合成。

照片拍摄完成后点击“下一步”，系统会弹出“初始信息设置选框”，进行“性别”和“照片设置”，根据拍照用户性别选择“性别”，“照片设置”中是用来选择侧脸与正脸协同生成 3D 头像。单张正面照也可生成 3D 头像，但为了提高结果模型的质量，推荐用户选择使用两侧照片，见图 6-101。

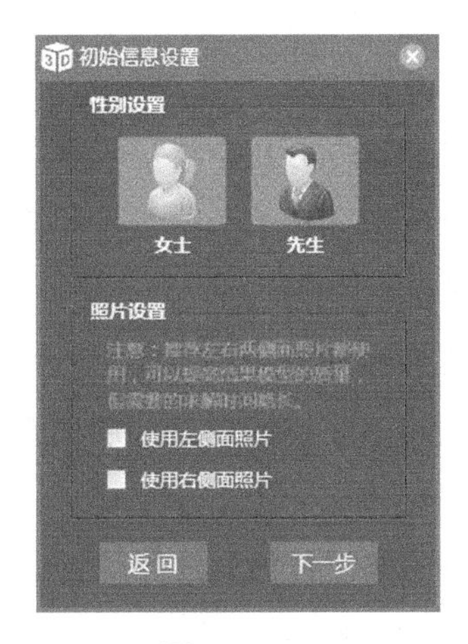

图 6-101

点击“下一步”后，系统进入照片处理过程。弹出“正面照片调整”界面，左键可以移动照片，鼠标滚轮可以缩放，左右拖动旋转条可旋转照片，见图 6-102。

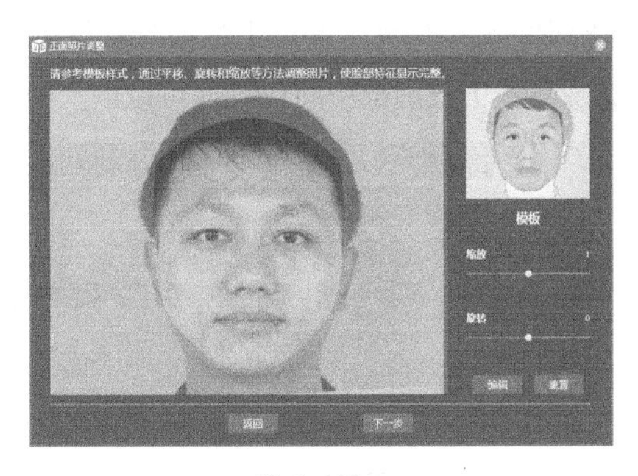

图 6-102

将人脸置于选区内，点击“下一步”，进入“正面照片标记窗口”。窗口中有根据面部特征生成的 11 个面部特征点。右键可移动全部点，左键可调整单一的点。将鼠标点在特征点上，鼠标指示将由箭头变为十字标识，此时界面照片下方会出现特征点位置提示，然后根据照片将各个特征点放在最佳位置，见图 6-103（注：正面特征点对后期合成精度影响比较大，请务必找准特征点的位置）。

◆ 右眼：应放置在右眼珠中心。

◆ 左眼：应放置在左眼珠中心。

◆ 左颧骨：应放置在左鬓角内部，并且置于鼻子点上方（在照片中鬓角下方最往外突出的点就是颧骨特征点）。

◆ 右颧骨：应放置在右鬓角内部，并且置于鼻子点上方。

◆ 左鼻瓣：应该放置在鼻子皮瓣的最外层边缘（差不多是鼻子两边最宽的地方）。

◆ 右鼻瓣：应该放置在鼻子皮瓣的最外层边缘。

◆ 右嘴角：应该放置在右嘴角尖处。

◆ 左嘴角：应该放置在左嘴角尖处。

◆ 右颚：下颚骨点基本和嘴角上的点在同一水平位置，不用将其放置在鼻子轮廓和脸部轮廓的交线位置（高度上尽量与嘴角点在同一高度）。

◆ 左颚：下颚骨点基本和嘴角上的点在同一水平位置，不用将其放置在鼻子轮廓和脸部轮廓的交线位置（高度上尽量与嘴角点在同一高度）。

◆ 下巴：应该放置在下巴底部中间位置（可以以人中为参考）。

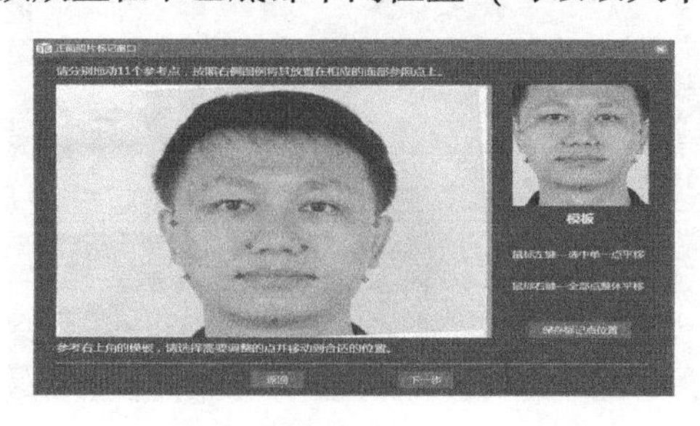

图 6-103

正面照片标记好之后，点击“下一步”，进入“左侧面部照片调整”界面，见图 6-104。

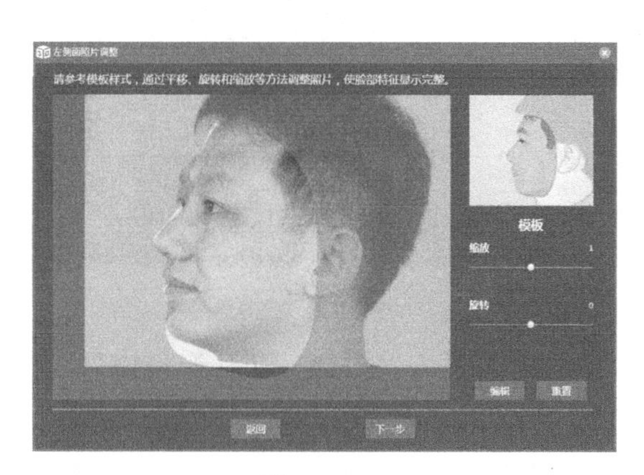

图 6-104

同正面照片一样，调整好照片位置之后，点击“下一步”进入“左侧面照片标记窗口”。窗口中有根据面部特征生成的 9 个面部特征点。右键可移动全部点，左键可调整单一的点，见图 6-105。

◆ 外眼角：应该放置在眼睑外侧连合处（尽量放在眼角处）。

◆ 鼻根：应该放置在两眼之间眉毛下面鼻子开始处。

◆ 鼻梁：应该放置在鼻子上鼻骨开始突起的地方（一般是鼻子中间再往鼻根部偏一点的位置）。

◆ 鼻尖：应该放置在鼻子上最远的边缘点。

◆ 鼻底：应该放置在嘴唇和鼻子结合的部分（即人中最上端与鼻子结合的部位）。

◆ 下嘴唇：应该放置在下嘴唇边缘处（即嘴唇最外侧）。

◆ 上嘴唇：应该放置在上嘴唇边缘处（即嘴唇最外侧）。

◆ 下巴：应该放置在下巴上最外层点。

◆ 喉咙顶部：应该放置在脖子和喉咙结合的部分。

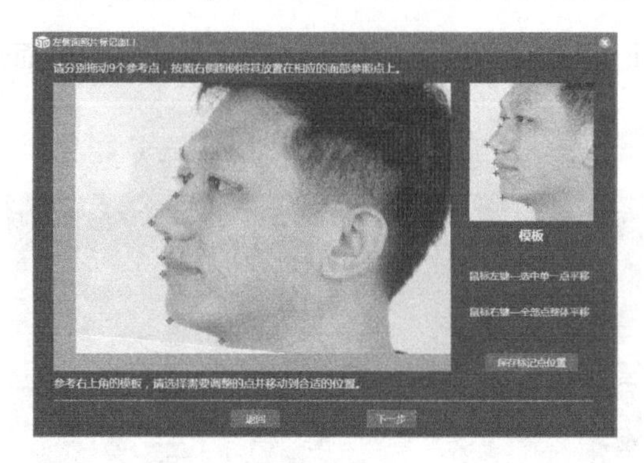

图 6-105

随后点击“下一步”，进入“右侧面照片调整窗口”。调整好照片后，点击“下一步”，见图 6-106。

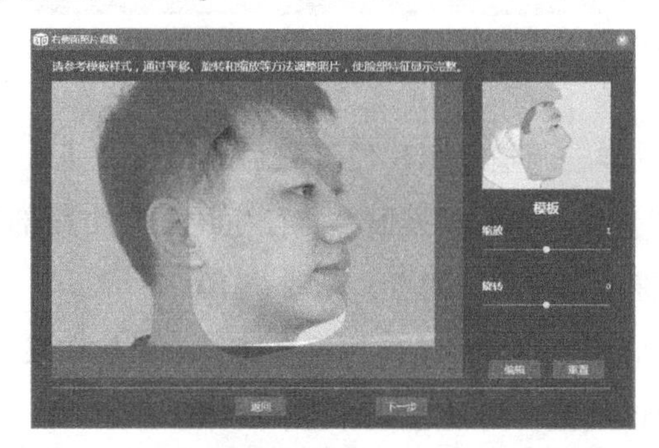

图 6-106

进入“右侧面照片标记窗口”，窗口中有根据面部特征生成的 9 个面部特征点。用同左侧一样的方法调整好特征点即可，见图 6-107。

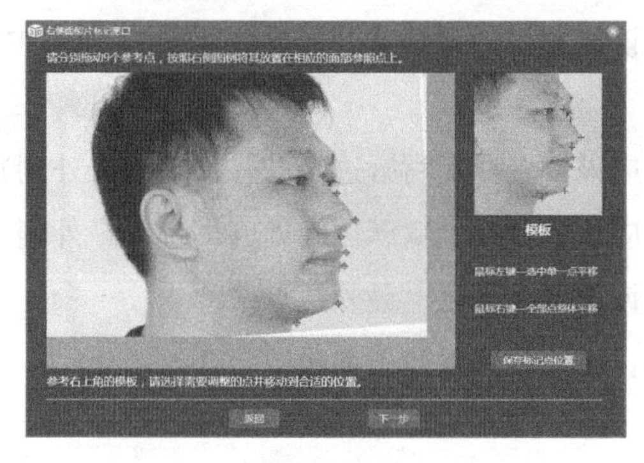

图 6-107

点击“下一步”，选择“yes”，等待数据合成，见图 6-108。

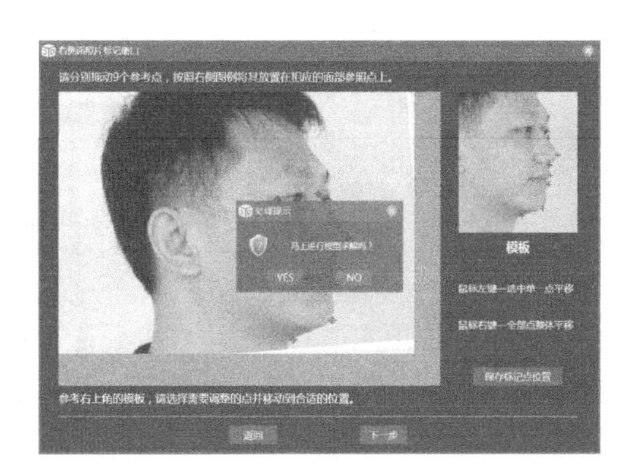

图 6-108

合成时间一般为 1-3 分钟左右，视电脑配置情况。合成结束后如下图所示，见图 6-109。

图 6-109

第六步：人像调整。

选择“角色定制”栏中的“影视动漫”类中的超人角色，见图 6-110。

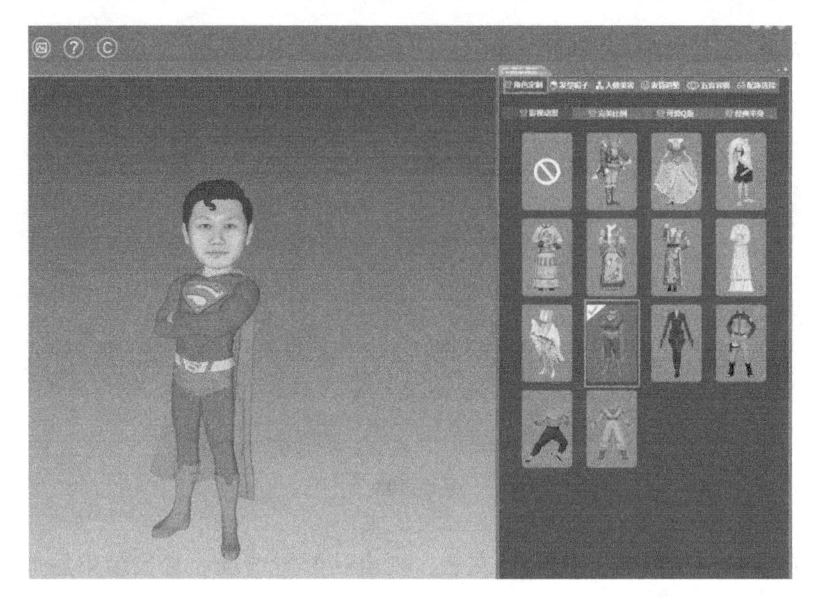

图 6-110

在“发型帽子”栏中的“男性发型”类别中，鼠标左键双击所选中的发型图标，在弹出的颜色对话框中选择发型颜色为黑色，见图 6-111。

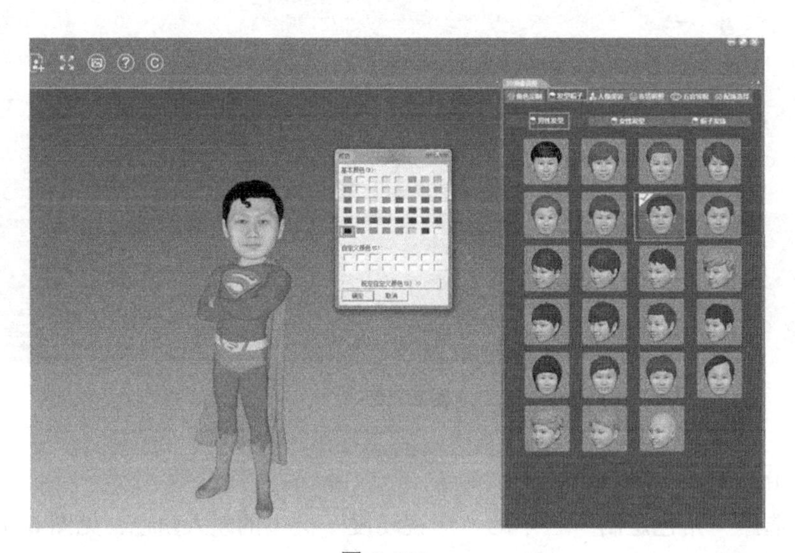

图 6-111

在“人像美容”栏中，将美肤效果从1向左调整至0.8，亮眼效果从-0.28向右调整至0.64，美瞳效果从0.52向左调整至-0.15，见图6-112。

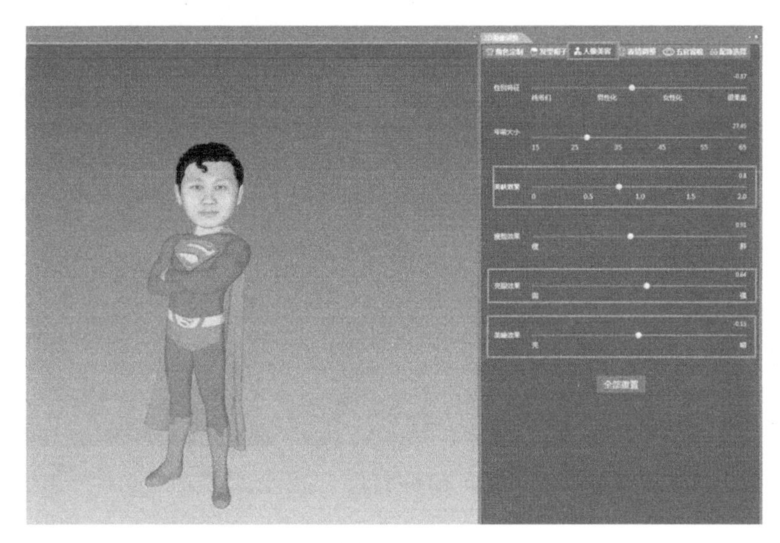

图6-112

调整表情为微笑，微笑指数为30，见图6-113。

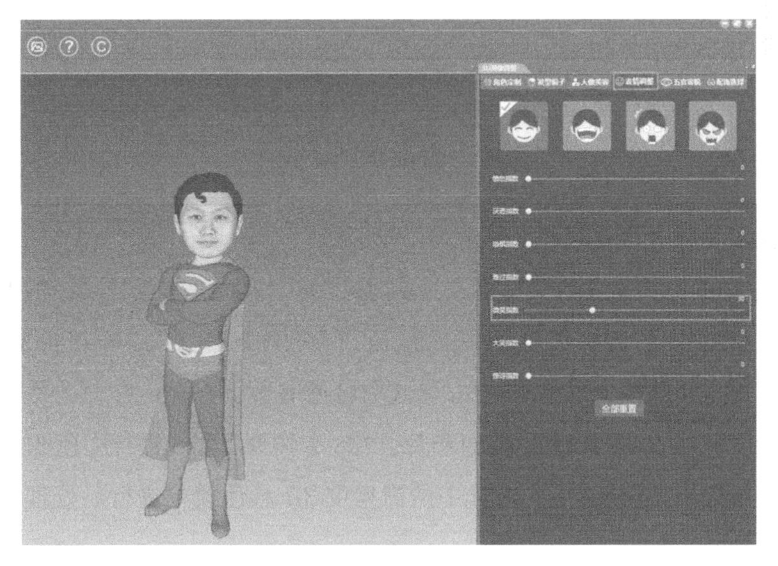

图6-113

配上相应的配饰和场景即可完成调整，见图6-114。

图6-114

第七步：模型导出及打印。

模型调整完成后，可以点击左上角菜单中的“保存”来保存文件，见图6-115。

图6-115

保存类型中共有四种文件格式可以选择。

jpg/png格式为普通图片格式，obj格式为中等精度彩色带贴图模型，可用于桌面级3D打印机直接打印。3dp格式为软件自带格式，保存后3D漫像软件可再打开进行二次编辑。zip格式为将所有数据打包后存储的格式，包含高精度彩色带贴图模型、彩色照片、3dp文件等。如要进行彩色3D打印，则需要对解压zip格式后，对其中的高精度3D彩色模型进行后处理，见图6-116。

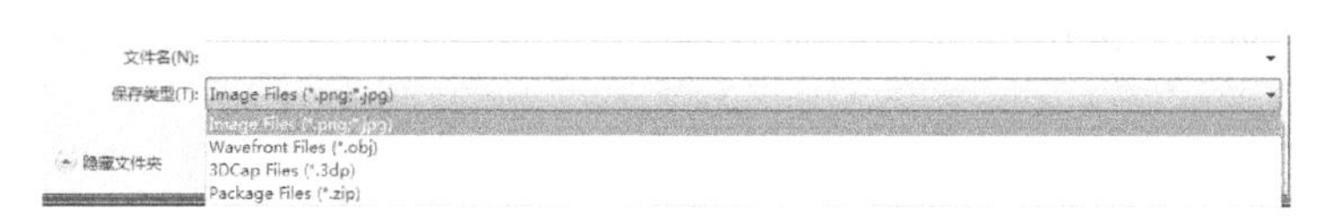

图 6-116

6.2　2D 转 3D—Easy3D

6.2.1　入门级实例课程

1. 创意吊坠

使用软件：Easy3D 2.0　　难度系数：★　　课程时长：1 课时。

备注：设计+打印。

第一步：打开软件。

在桌面上找到 3D 浮雕 Easy3D ，双击鼠标打开软件，见图 6-117。

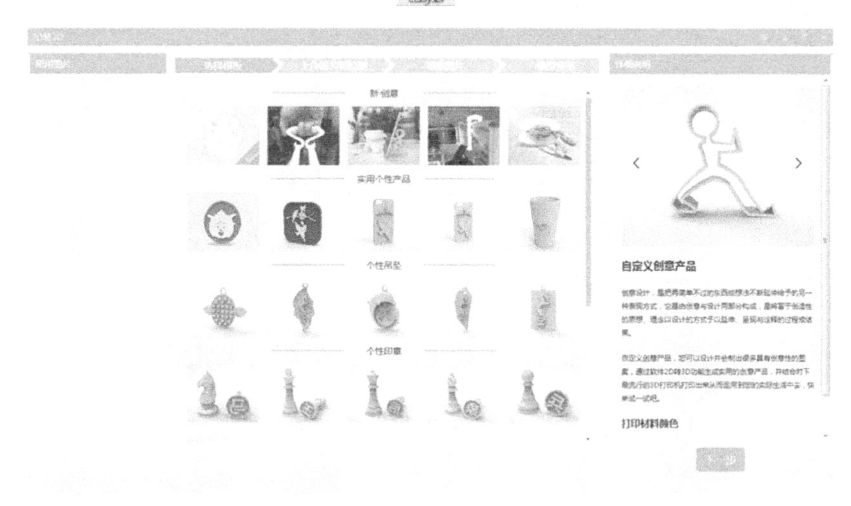

图 6-117

第二步：进入设计环境。

选择“个性吊坠”栏中的任意一个模板，本例中以第一个和第三个模板为例，见图 6-118。

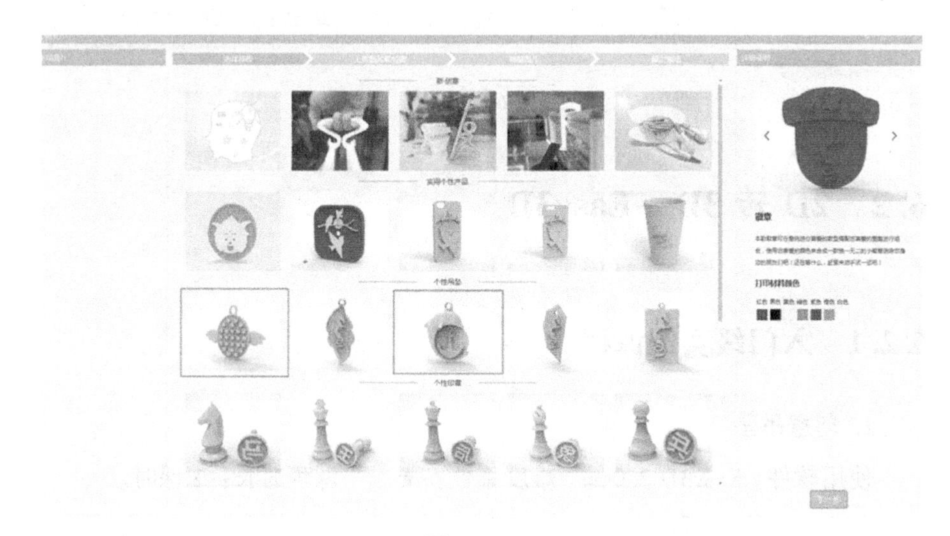

图 6-118

点击软件右下角“下一步”，进入设计界面。

选择第一个模板后的设计界面，见图 6-119。

图 6-119

选择第三个模板后的设计界面，见图 6-120。

图 6-120

第三步：设计所需的平面形状。

在第一个设计模板使用图片导入功能，导入一张图片，放置于设计界面中的白色区域，见图 6-121。

图 6-121

通过拖拽图片的边框上的 8 个控制点来调节图片的大小，直到满意为止，见图 6-122。

备注：安装 Shift+鼠标左键，拖拽图片控制点，可以进行等比例大小调节。

图 6-122

在第三个设计模板中，利用实用线条、折线等命令组合绘制出如下图形，见图 6-123（绘制方法可参考相应视频）。

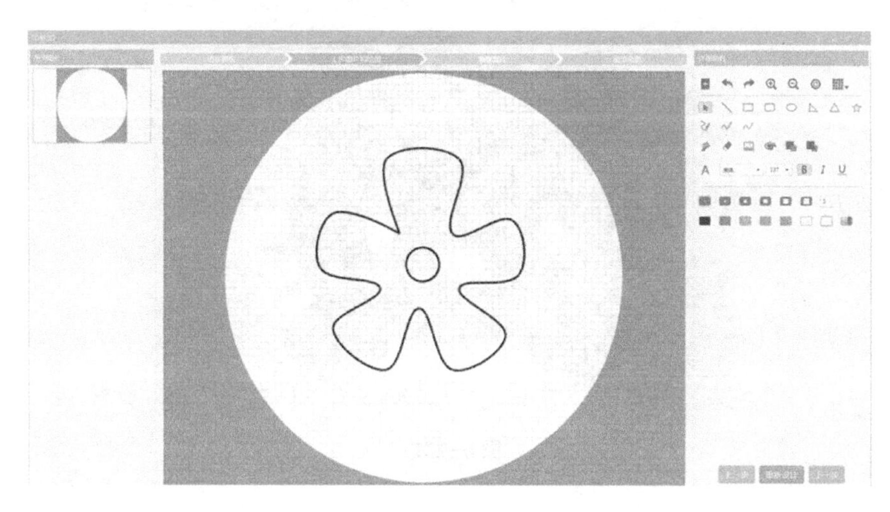

图 6-123

使用“填充” 命令将花朵图形填充为黑色，圆圈图形填充为白色，点击软件右下角“下一步”，见图 6-124。

图 6-124

第四步：调整图形。

利用右方的“缩放”滑块来缩放图形的大小，使用鼠标左键将图形拖放到白色选区正中间的位置，并点击“下一步”，见图 6-125 和图 6-126。

备注：由于个性吊坠是基于固定模板的建模，所以并不需要进行图形大小和拉伸厚度的设置。

图 6-125

图 6-126

第五步：生成并保存模型。

3D 模型自动生成后，使用鼠标旋转、缩放进行 3D 细节查看。点击软件右下角“导出”按钮，将模型保存到想要保存的文件夹路径，见图 6-127 和图 6-128。

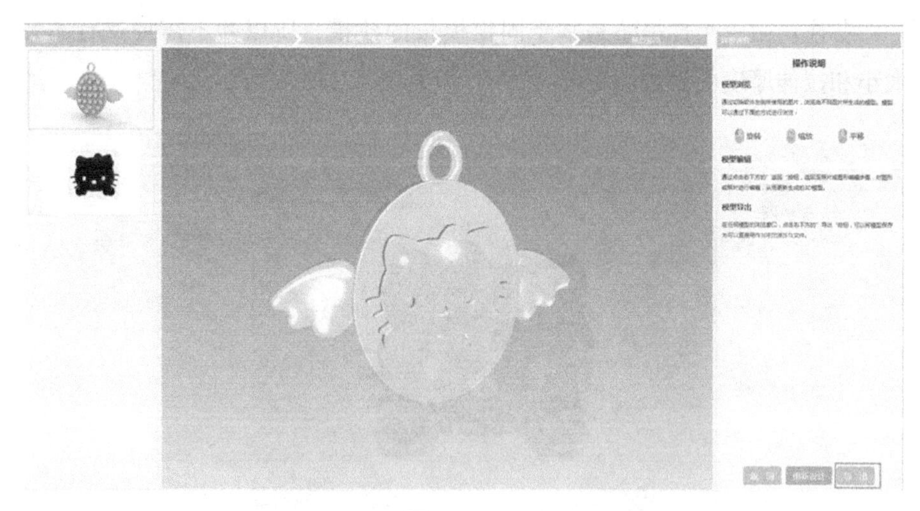

图 6-127

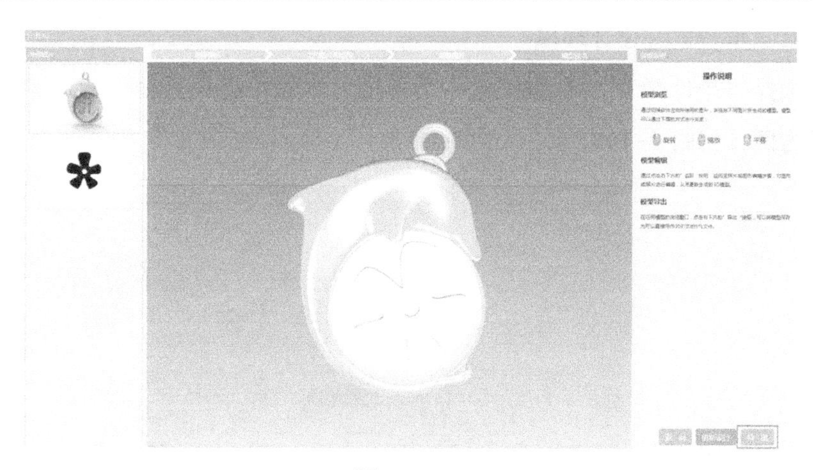

图 6-128

第六步：3D 打印并试用。

保存的“STL”格式文件可直接输入 3D 打印机进行打印制作。

2. 个性徽章

使用软件：Easy3D 2.0　　难度系数：★　　课程时长：1 课时。

备注：设计+打印。

第一步：打开软件。

在桌面上找到 3D 浮雕 Easy3D ，双击鼠标打开软件，见图 6-129。

图 6-129

第二步：进入设计环境。

选择“个性徽章”中的任意一个模板，本例中以第三个模板和第七个模板为例，见图 6-130。

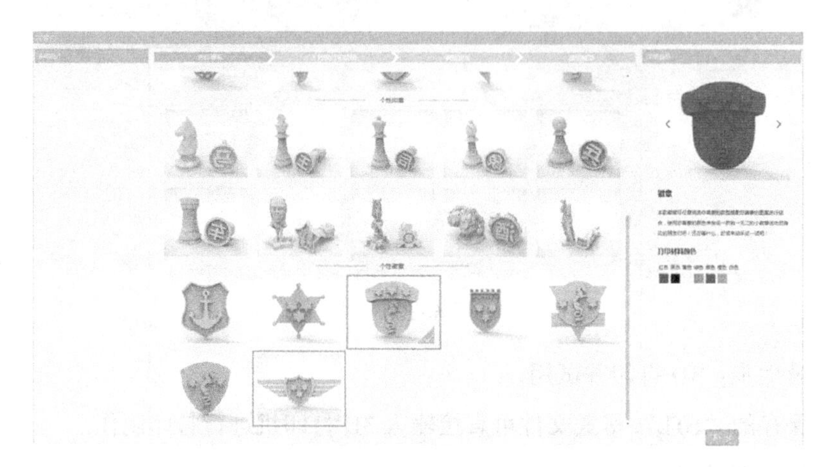

图 6-130

点击软件右下角的“下一步”，进入设计界面。

选择第三个模板后的设计界面，见图 6-131。

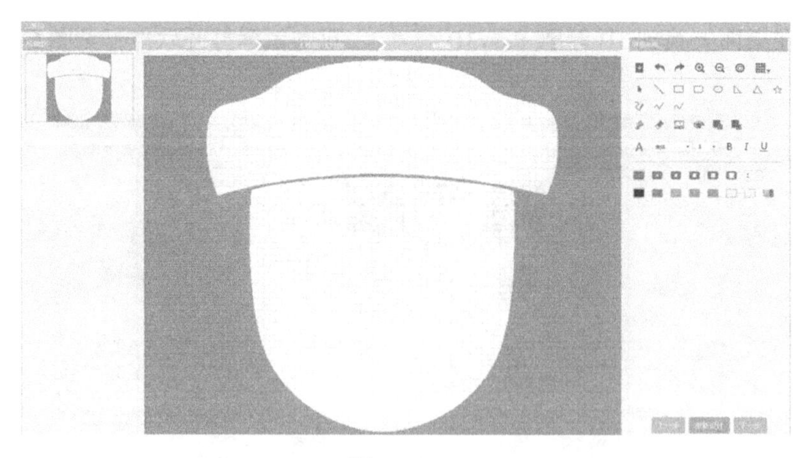

图 6-131

选择第七个模板后的设计界面，见图 6-132。

图 6-132

第三步：设计所需的平面形状。

在第三个设计模板使用五角形绘制工具和写字工具，绘制出如下图形，并放置于设计界面中的白色区域，见图 6-133。

图 6-133

使用“填充”命令将五角星图形填充为黑色，点击软件右下角“下一步”，见图 6-134。

图 6-134

在第七个设计模板中，使用图片导入功能，导入一张图片，将其放置于设计界面中的白色区域。

通过拖拽图片边框上的 8 个控制点来调节图片的大小，直到满意为止，见图 6-135。

备注：安装 Shift+鼠标左键? 拖拽图片控制点，可以进行等比例大小调节。

图 6-135

第四步：调整图形。

利用右方的“缩放”滑块来缩放图形的大小，并使用鼠标左键将图形拖放到白色选区正中间的位置，并点击“下一步”。

备注：由于个性徽章是基于固定模板的建模，所以并不需要进行图形大小以及拉伸厚度的设置，见图 6-136。

图 6-136

在使用第七个模板来拉伸图片时，需要向右拖动“二值化”滑块来调整图片，见图 6-137。

备注：二值化即是将图像上的像素点的灰度值设置为 0 或 255，也就是将整个图像呈现出明显的只有黑和白的视觉效果。向右拖动“二值化”滑块可以过滤掉一些颜色，将滑块拖到最右边，可以将图形完全变成黑色，使转换达到最佳效果。

图 6-137

调整完成后如图 6-138 所示。

图 6-138

第五步：生成并保存模型。

3D 模型自动生成后，使用鼠标旋转、缩放进行 3D 细节查看。点击软件右下角“导出”按钮，将模型保存到想要存放的文件夹路径，见图 6-139 和图 6-140。

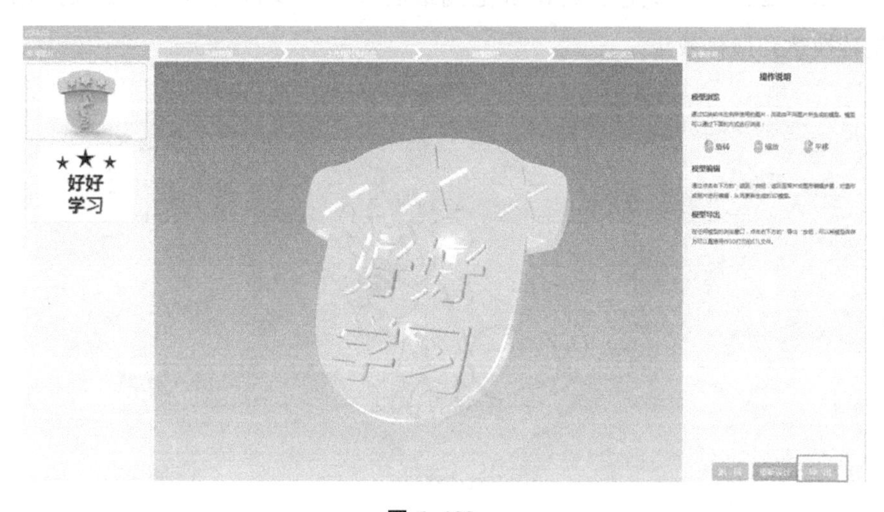

图 6-139

图 6-140

第六步：3D 打印并试用。

保存的“STL”格式文件可直接输入 3D 打印机进行打印制作。

3. 国际象棋印章

使用软件：Easy3D 2.0　　难度系数：★　　课程时长：1 课时。

备注：设计+打印。

第一步：打开软件。

在桌面上找到 3D 浮雕 Easy3D ，双击鼠标打开软件，见图 6-141。

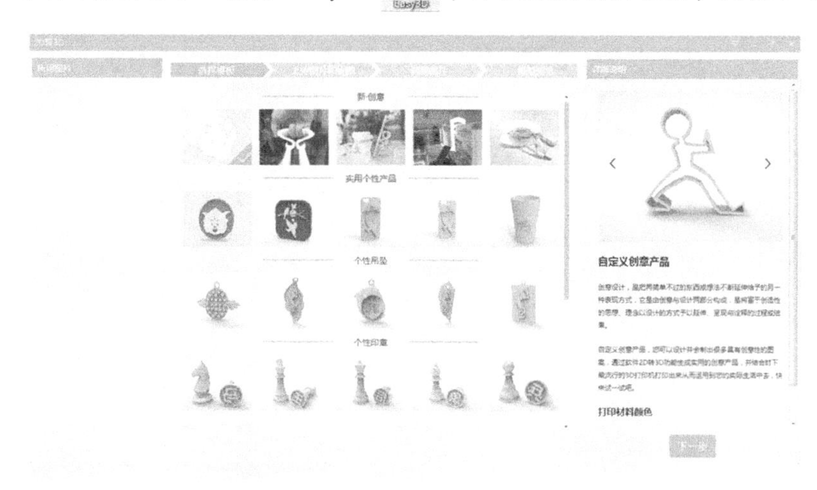

图 6-141

第二步：进入设计环境。

选择“个性印章”栏中的任意一个模板，本例中以第二个模板和第三个模板为例，见图 6-142。

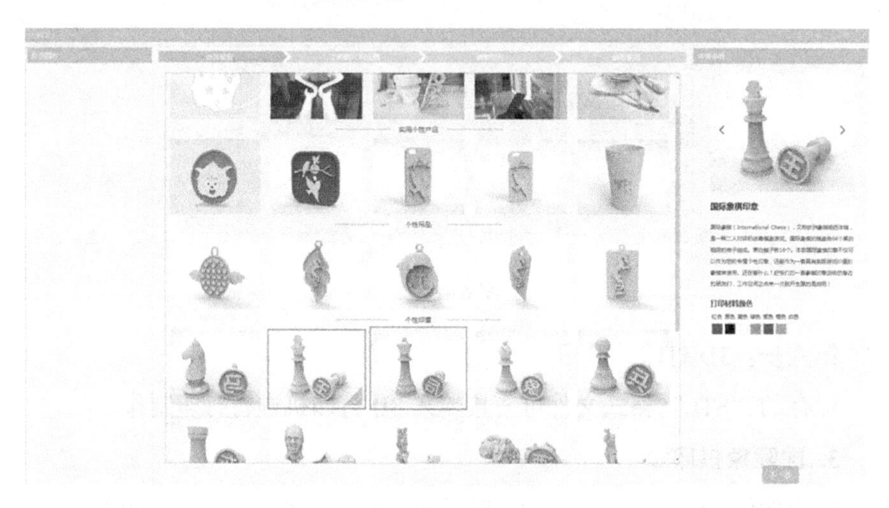

图 6-142

点击软件右下角“下一步”，进入设计界面。

选择第二个模板后的设计界面，见图 6-143。

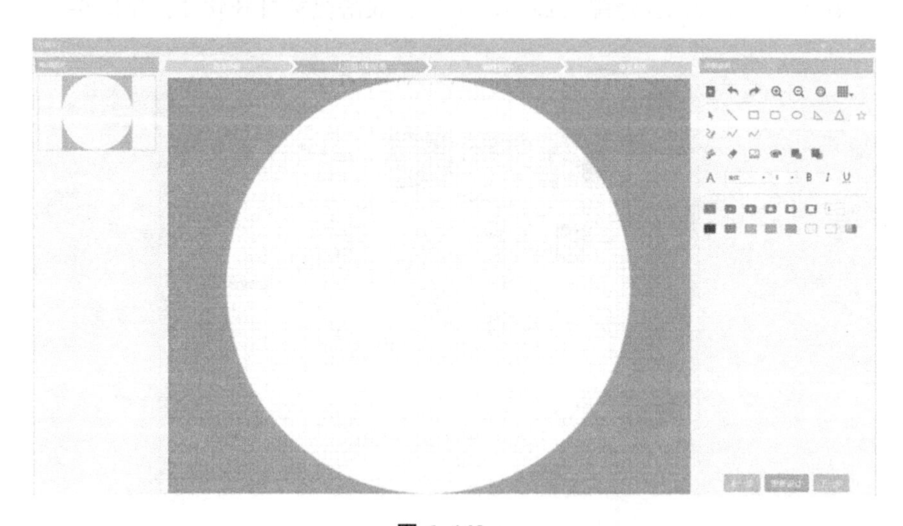

图 6-143

选择第三个模板后的设计界面，见图 6-144。

图 6-144

第三步：设计所需的平面形状。

在第三个设计模板使用写字功能 A ，写入一个“王”将字体设置为书法字体并加粗，并将其放置于设计界面中的白色区域，见图 6-145。

图 6-145

通过拖拽图片边框上的 8 个控制点来调节图片的大小，直到你满意的程度，见图 6-146。

备注：安装 Shift+鼠标左键？拖拽图片控制点，可以进行等比例大小调节。

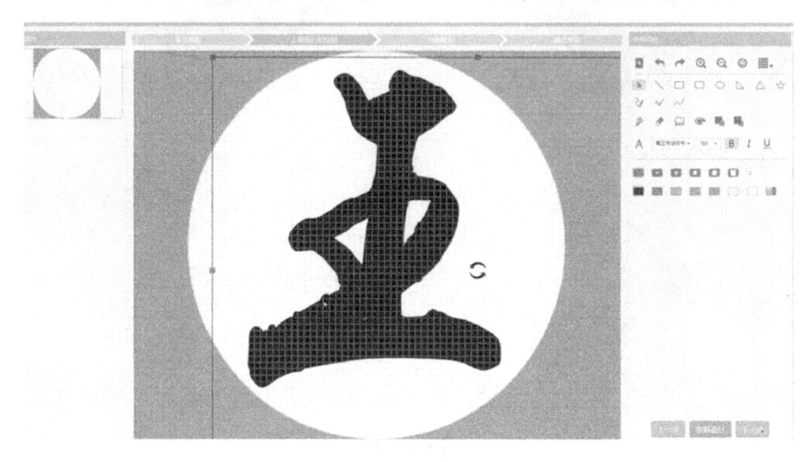

图 6-146

在第三个设计模板中，将线框宽度设置为 20，利用自由曲线工具绘制出一个“后”字，并将其置于白色区域中，见图 6-147。

图 6-147

第四步：调整图形。

利用右方的“缩放”滑块来缩放图形的大小，使用鼠标左键将图形拖拽到白色选区正中间的位置，并点击“下一步”，见图 6-148 和图 6-149。

备注：由于个性印章是基于固定模板的建模，所以并不需要进行图形大小以及拉伸厚度的设置。

图 6-148

图 6-149

第五步：生成并保存模型。

3D 模型自动生成后，使用鼠标旋转、缩放进行 3D 细节查看。点击软件右下角“导出”按钮，将模型保存到想要保存的文件夹路径，见图 6-150 和图 6-151。

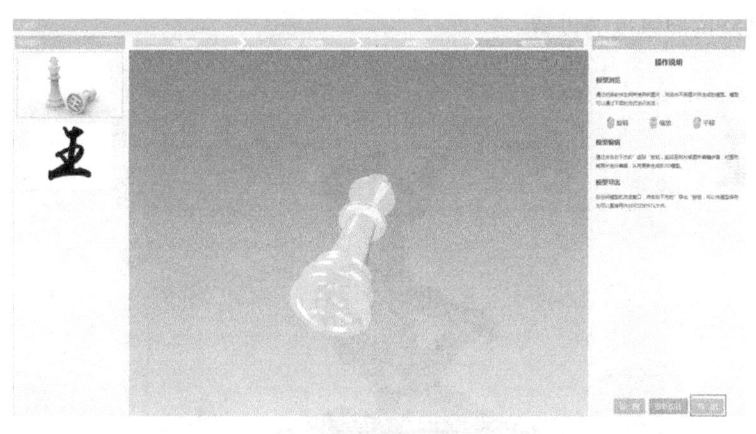

图 6-150

图 6-151

第六步：3D 打印并试用。

保存的“STL”格式文件可直接输入 3D 打印机进行打印制作。

4. 创意 U 盘

使用软件：Easy3D 2.0　　难度系数：★ ★　　课程时长：1 课时。

见图6-152。

备注：设计+打印+U盘芯片+装配。

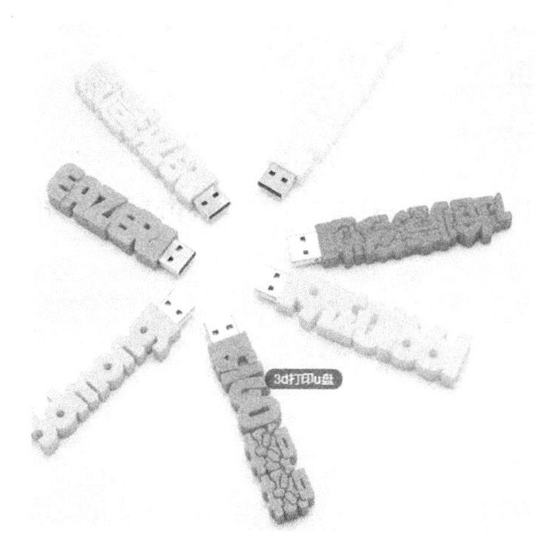

图6-152

5. 个性铅笔套

使用软件：Easy3D 2.0　　难度系数：★ ★　　课程时长：1课时。个性铅笔套，见图6-153。

备注：设计+打印+装配。

图6-153

6.2.2 二阶段实例课程

1. 创意3D打印书签

使用软件：Easy3D 2.0　　难度系数：★ ★　　课程时长：1课时。

备注：设计+打印。

第一步：打开软件。

在桌面上找到3D浮雕Easy3D ，双击鼠标打开软件，见图6-154。

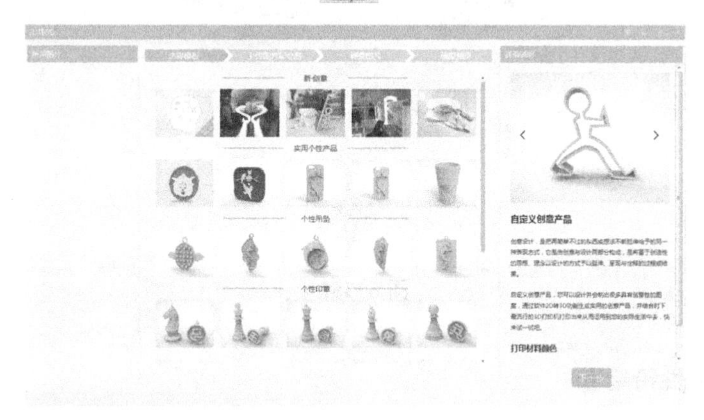

图 6-154

第二步：进入设计环境。

选择“新创意”栏中的第一个模板，见图6-155。

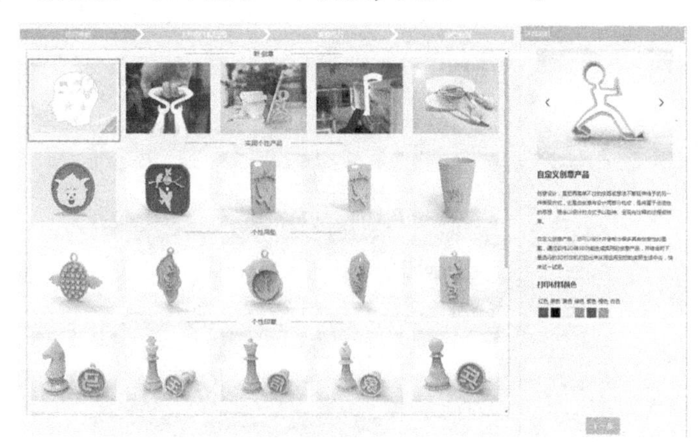

图 6-155

点击软件右下角“下一步”，进入设计界面，见图 6-156。

图 6-156

第三步：设计所需的平面形状。

将线宽设置为 5，利用实用线条、折线等命令组合绘制图（绘制方法可参考相应视频），并点击“下一步”，见图 6-157 和图 6-158。

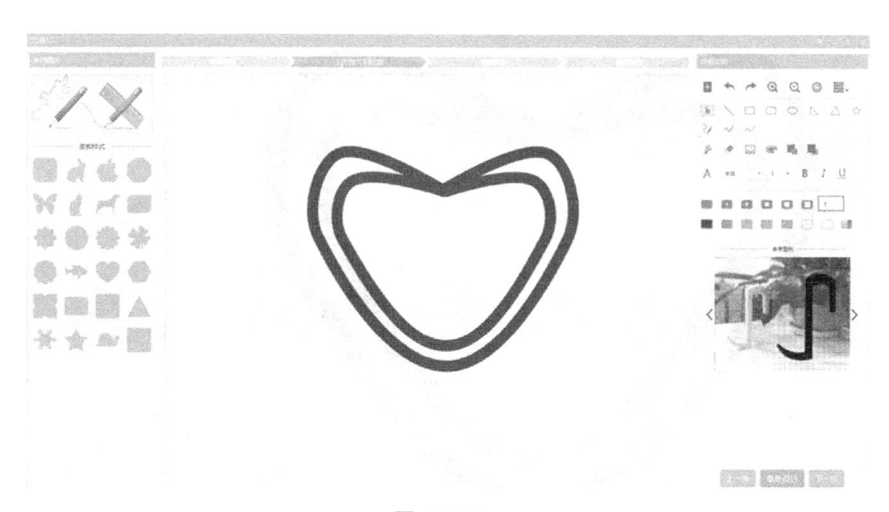

图 6-157

图 6-158

第四步：调整图形。

将图片在白色区域中缩放到最大，并分别将模型设置中的尺寸调整为 80 mm×67 mm 和 89 mm×57 mm。然后，将拉伸厚度设置为 2 mm，点击“下一步”，拉伸图片，见图 6-159 和图 6-160。

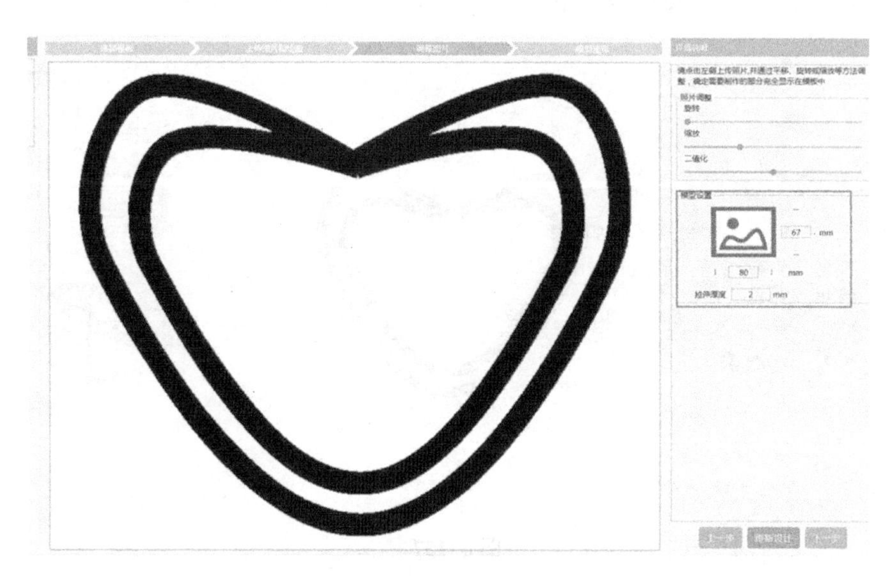

图 6-159

图 6-160

第五步：生成并保存模型。

3D模型自动生成后，使用鼠标旋转、缩放进行3D细节查看。点击软件右下角“导出”按钮，将模型保存到想要保存的文件夹路径，见图6-161和图6-162。

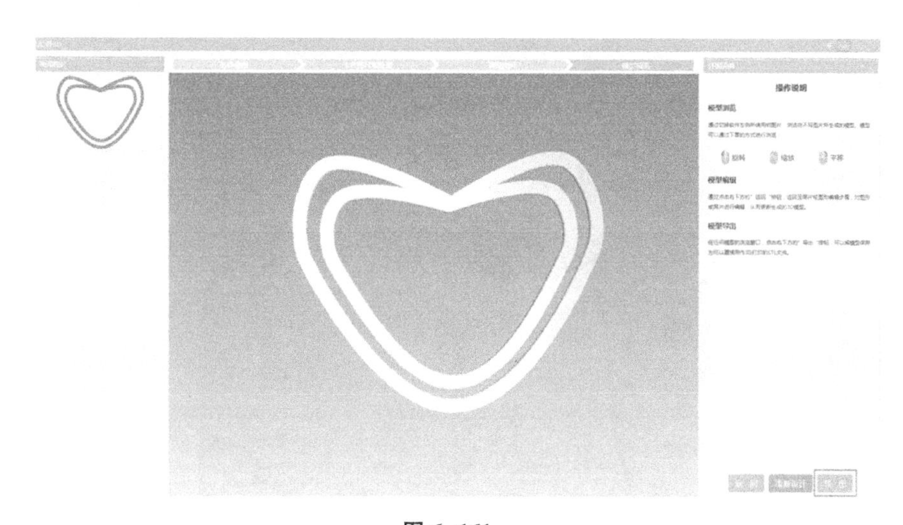

图 6-161

图 6-162

第六步：3D 打印并试用。

保存的“STL”格式文件可直接输入 3D 打印机进行打印制作，见图 6-163。

a.

b.

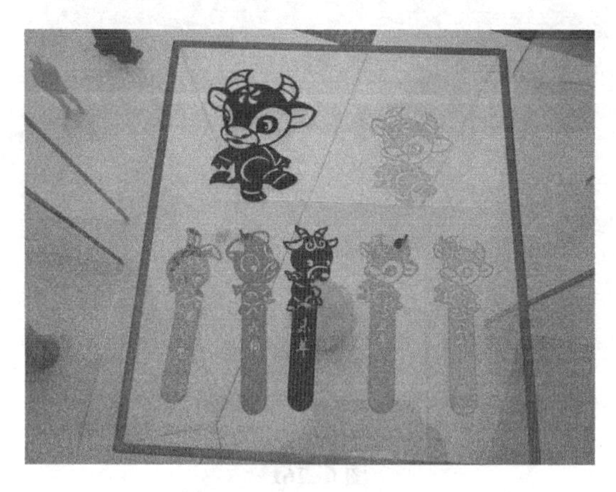

c.

图 6-163

2. 伪 3D 图形打印

使用软件：Easy3D 2.0　　难度系数：★ ★　　课程时长：1 课时。

备注：设计+打印。

第一步：打开软件。

在桌面上找到 3D 浮雕 Easy3D ，鼠标双击打开软件，见图 6-164。

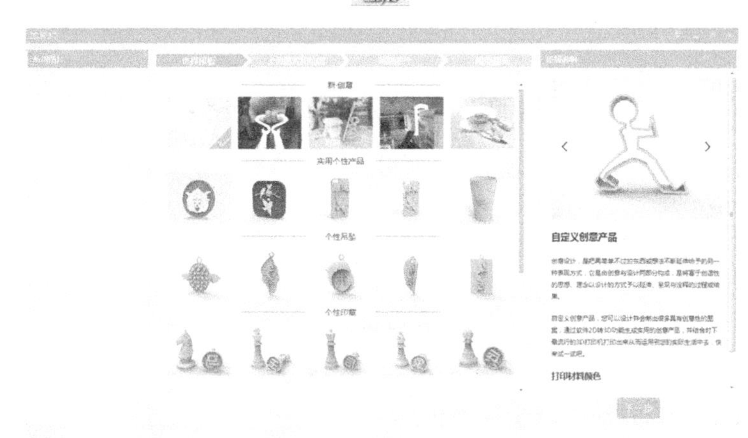

图 6-164

第二步：进入设计环境。

选择“新创意”栏中的第一个模板，见图 6-165。

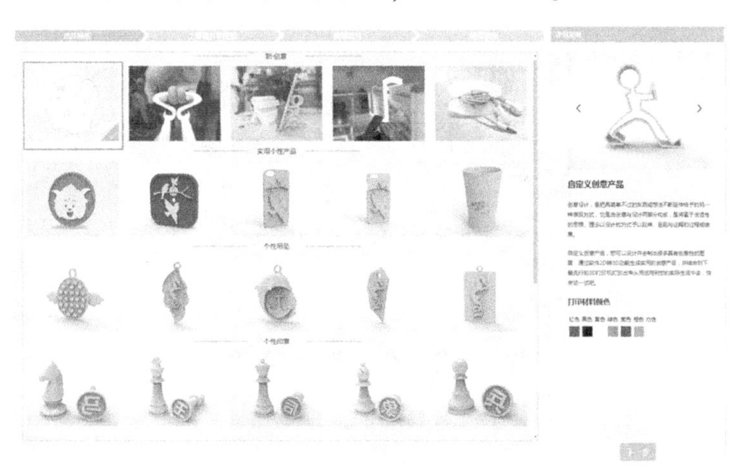

图 6-165

点击软件右下角“下一步”，进入设计界面，见图 6-166。

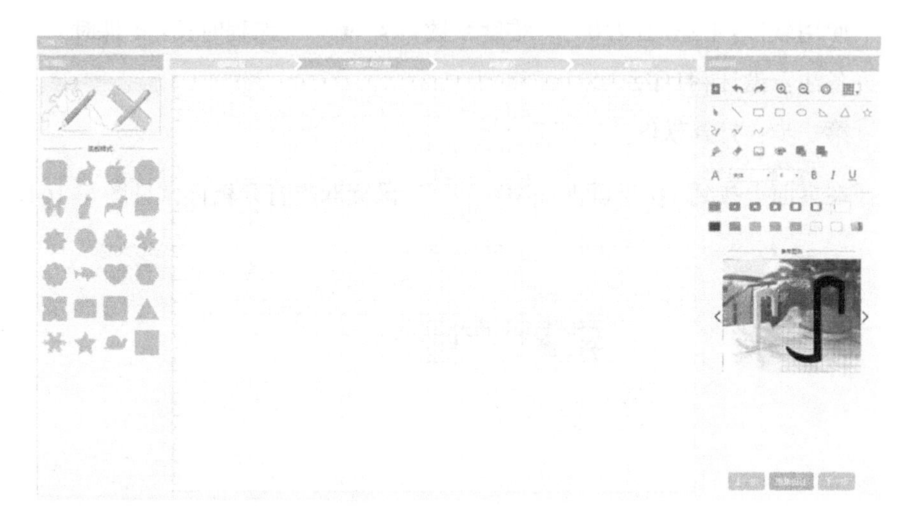

图 6-166

第三步：设计所需的平面形状。

在第一个设计模板使用图片导入功能，导入从网上所搜的伪 3D 图片，将其放置在设计界面中的白色区域，见图 6-167。

图 6-167

第四步：调整图形。

将图片在白色区域中缩放到最大，并将模型设置中的尺寸调整为 120 mm＊119 mm。然后，将拉伸厚度设置为 4 mm，点击“下一步”，拉伸图片，见图 6-168。

图 6-168

第五步：生成并保存模型。

3D 模型自动生成后，使用鼠标旋转、缩放进行 3D 细节查看。点击软件右下角“导出”按钮，将模型保存到想要保存的文件夹路径，见图 6-169。

图 6-169

第六步：3D 打印并试用。

保存的“STL”格式文件可直接输入 3D 打印机进行打印制作。

3. 精美插花瓶

使用软件：Easy3D 2.0　　难度系数：★ ★ ★　　课程时长：1 课时。精美插花瓶，见图 6-170。

备注：设计+打印。

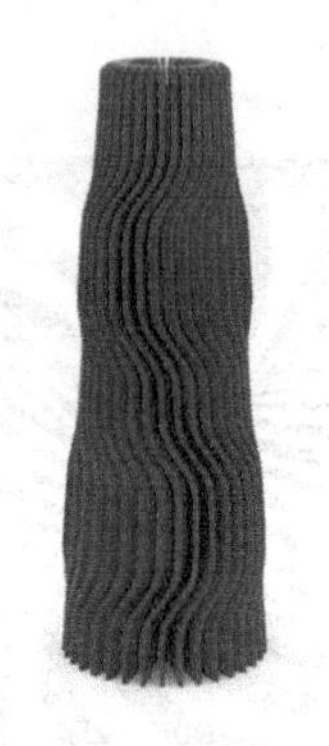

图 6-170

4. 三维迷宫

使用软件：Easy3D 2.0　　难度系数：★ ★ ★　　课程时长：1 课时。

备注：设计+打印+实际效果验证。

第一步：打开软件。

在桌面上找到 3D 浮雕 Easy3D ，双击鼠标打开软件，见图 6-171。

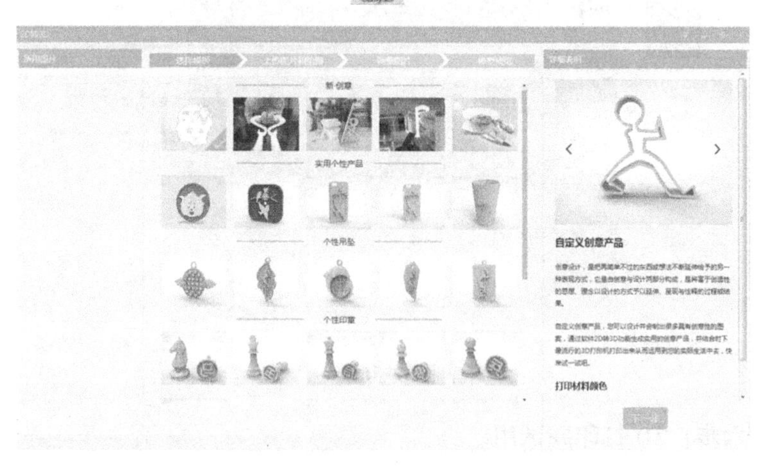

图 6-171

第二步：进入设计环境。

选择“新创意”栏中的第一个模板，见图 6-172。

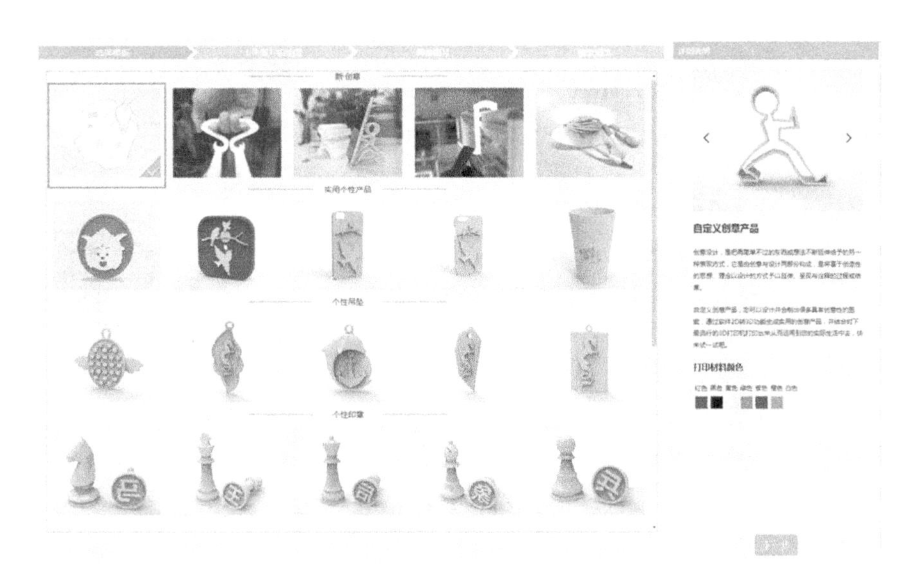

图 6-172

点击软件右下角“下一步”，进入设计界面，见图 6-173。

图 6-173

第三步：设计所需的平面形状。

选择底板样式为“圆角正方形”，见图 6-174。

图 6-174

利用实用线条、折线等命令组合绘制出如下图形，(绘制方法可参考相应视频)，并点击“下一步”，见图 6-175。

备注：可先在纸上设计好所需的迷宫样式，再通过软件进行绘制。

图 6-175

第四步：调整图形。

将图片在白色区域中缩放到最大，并将模型设置中的尺寸调整为 120 mm×120 mm。然后，将拉伸厚度设置为 3 mm，底板厚度设置为 2 mm，点击“下一步”，拉伸图片，见图 6–176。

图 6–176

第五步：生成并保存模型。

3D 模型自动生成后，使用鼠标旋转、缩放进行 3D 细节查看。点击软件右下角“导出”按钮，将模型保存到想要保存的文件夹路径，见图 6–177。

图 6–177

第六步：3D 打印并试用。

保存的“STL”格式文件可直接输入 3D 打印机进行打印制作。

5. 3D 创意祝福挂坠

使用软件：Easy3D 2.0　　难度系数：★ ★ ★　　课程时长：1 课时。见图 6-178。

备注：设计+打印。

图 6-178

6.2.3　三阶段实例课程

1. 平板电脑创意支架

使用软件：Easy3D 2.0　　难度系数：★ ★ ★　　课程时长：1 课时。

备注：设计+打印。

第一步：打开软件。

在桌面上找到 3D 浮雕 Easy3D  ，双击鼠标打开软件，见图 6-179。

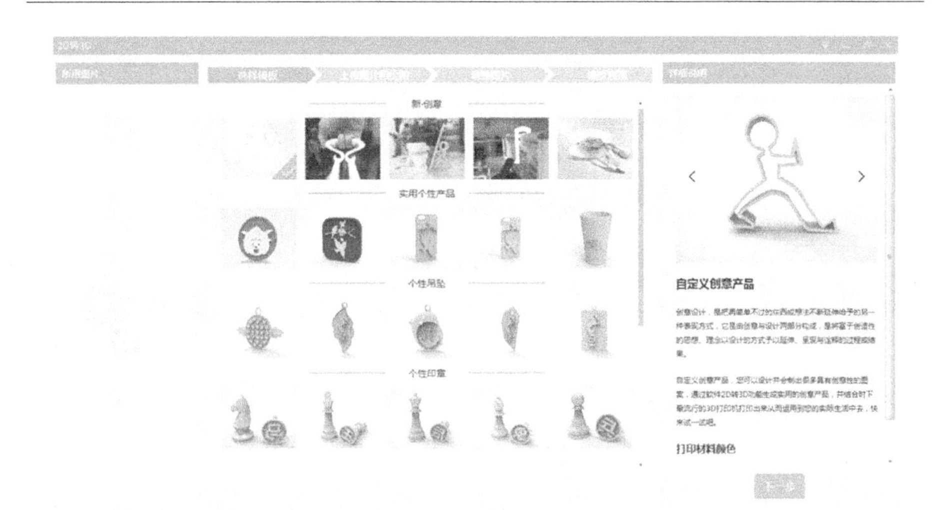

图 6-179

第二步：进入设计环境。

选择“新创意”栏中的第一个模板，见图 6-180。

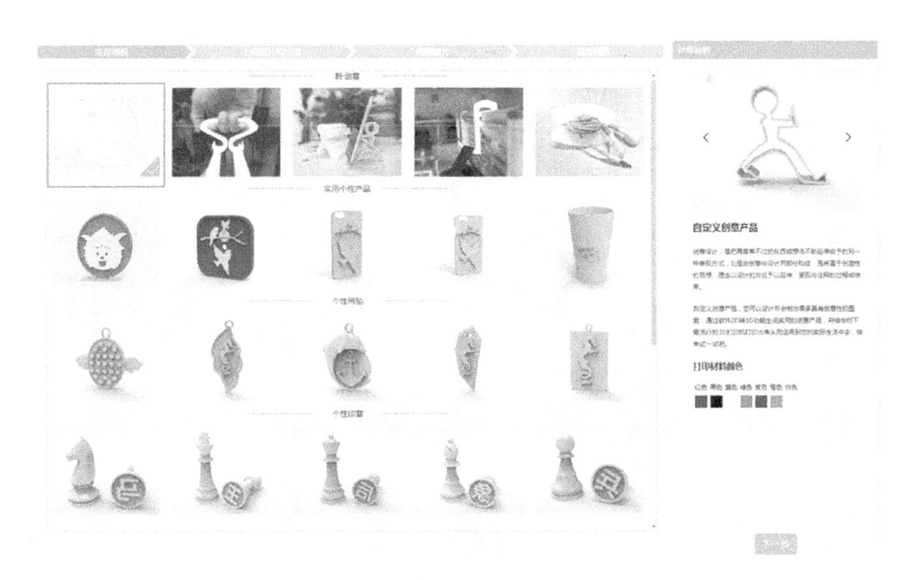

图 6-180

点击软件右下角“下一步”，进入设计界面，见图 6-181。

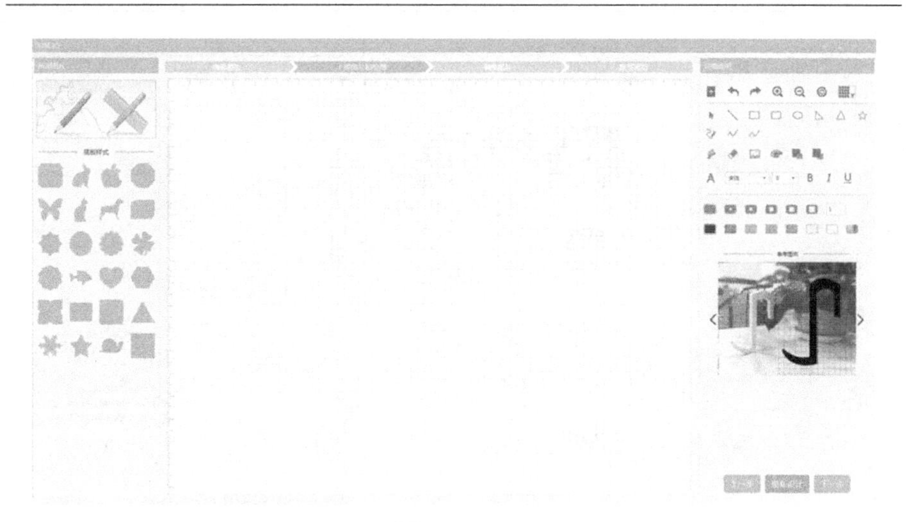

图 6-181

第三步：设计所需的平面形状。

将线宽设置为 5，利用实用线条、折线等命令组合绘制出如下图形，(绘制方法可参考相应视频)，并点击“下一步”，见图 6-182。

图 6-182

第四步：调整图形。

将图片在白色区域中缩放到最大，并将模型设置中的尺寸调整为

96 mm×95 mm。然后，将拉伸厚度设置为 30 mm，点击“下一步”，拉伸图片，见图 6-183。

图 6-183

第五步：生成并保存模型。

3D 模型自动生成后，使用鼠标旋转、缩放进行 3D 细节查看。点击软件右下角“导出”按钮，将模型保存到想要保存的文件夹路径，见图 6-184。

图 6-184

第六步：3D 打印并试用。

保存的“STL”格式文件可直接输入 3D 打印机进行打印制作，见图 6-185。

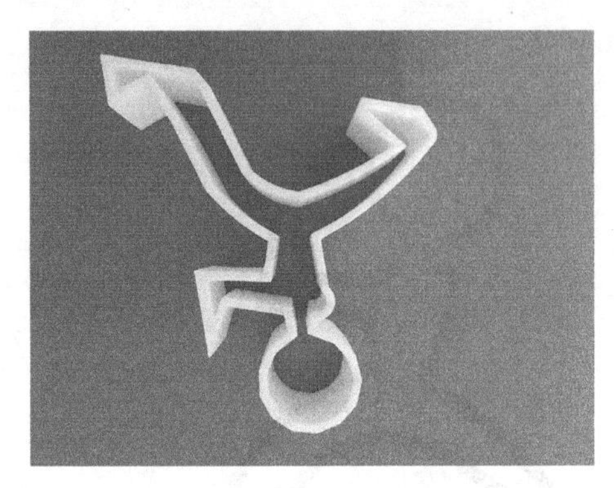

图 6-185　3D 打印模型图片

2. 实用 3D 打印挂钩

使用软件：Easy3D 2.0　　难度系数：★ ★ ★　　课程时长：1 课时。

备注：设计+打印+效果验证。

第一步：打开软件。

在桌面上找到 3D 浮雕 Easy3D ，双击鼠标打开软件，见图 6-186。

图 6-186

第二步：进入设计环境。

选择“新创意”栏中的第一个模板，见图 6–187。

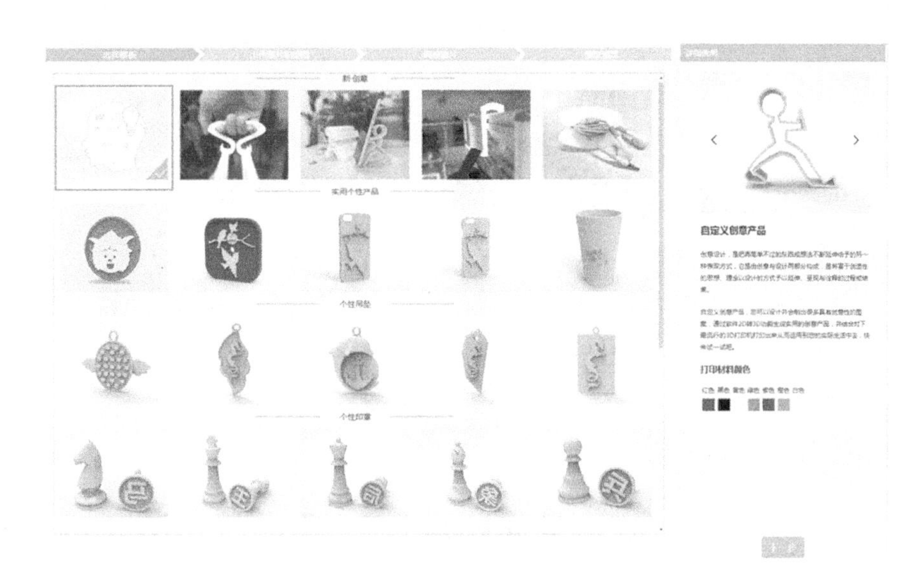

图 6–187

点击软件右下角“下一步”，进入设计界面，见图 6–188。

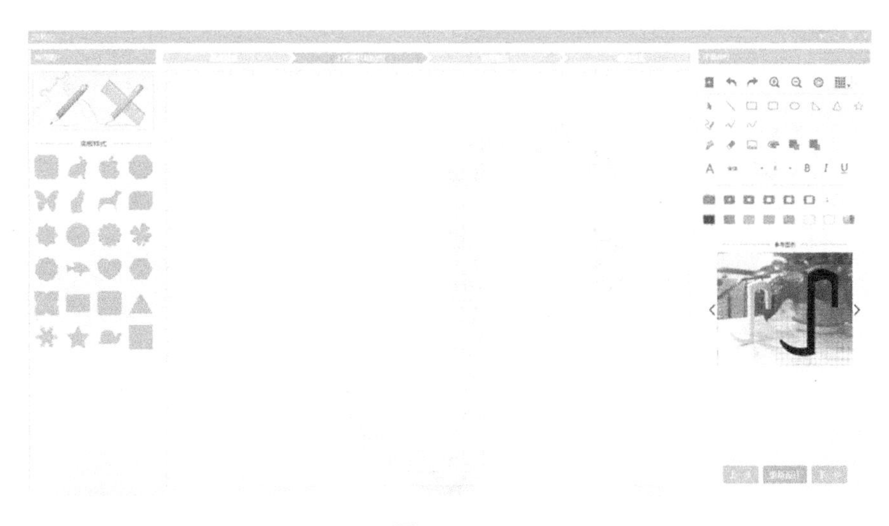

图 6–188

第三步：设计所需的平面形状。

将线宽设置为 15，利用实用线条、折线等命令组合绘制出如下图形，(绘制方法可参考相应视频)，并点击“下一步”，见图 6–189。

图 6–189

第四步：调整图形。

将图片在白色区域中缩放到最大，并将模型设置中的尺寸调整为 96 mm×95 mm。然后，将拉伸厚度设置为 30 mm，点击“下一步”，拉伸图片，见图 6–190。

图 6–190

第五步：生成并保存模型。

3D 模型自动生成后，使用鼠标旋转、缩放进行 3D 细节查看。点击软件右下角“导出”按钮，将模型保存到想要保存的文件夹路径，见图 6-191。

图 6-191

第六步：3D 打印并试用。

保存出的“STL”格式文件可直接输入 3D 打印机进行打印制作。

3. 实用塑料袋密封夹

使用软件：Easy3D 2.0　　难度系数：★ ★ ★ ★　　课程时长：1 课时。

备注：设计+打印 +实际效果验证。

第一步：打开软件。

在桌面上找到 3D 浮雕 Easy3D ，双击鼠标打开软件，见图 6-192。

图 6-192

第二步：进入设计环境。

选择“新创意”栏中的第一个模板，见图 6-193。

图 6-193

点击软件右下角“下一步”，进入设计界面，见图 6-194。

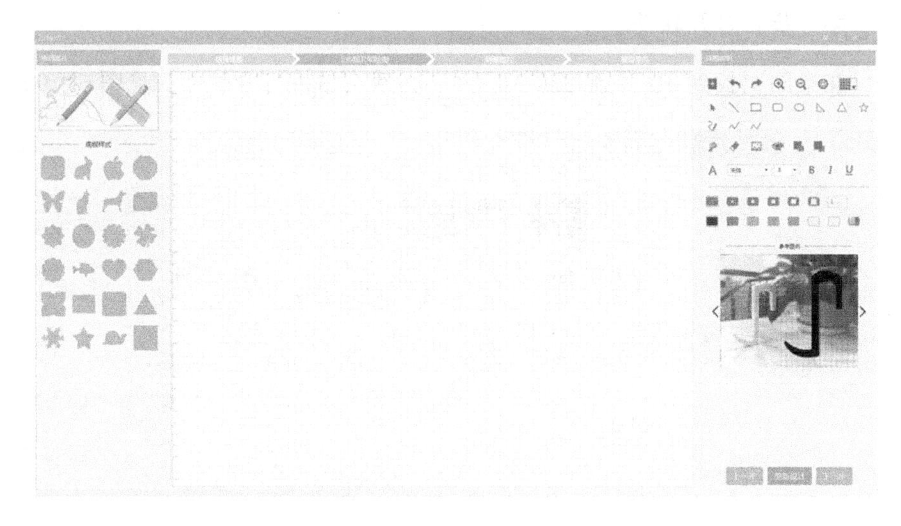

图 6-194

第三步：设计所需的平面形状。

使用线条、折线等命令组合绘制出如下图形，（绘制方法可参考相应视频）使用“填充” 命令将图形填充为黑色，点击软件右下角“下一步”，见图 6–195。

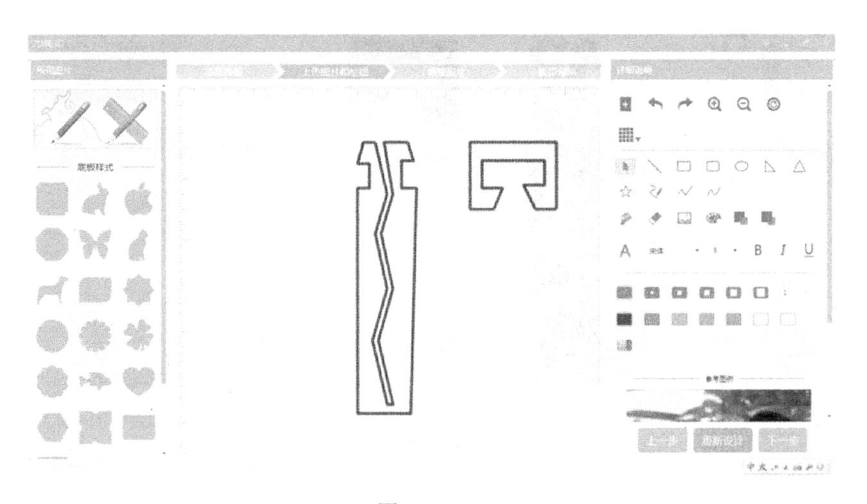

图 6–195

填充之后的图形见图 6–196。

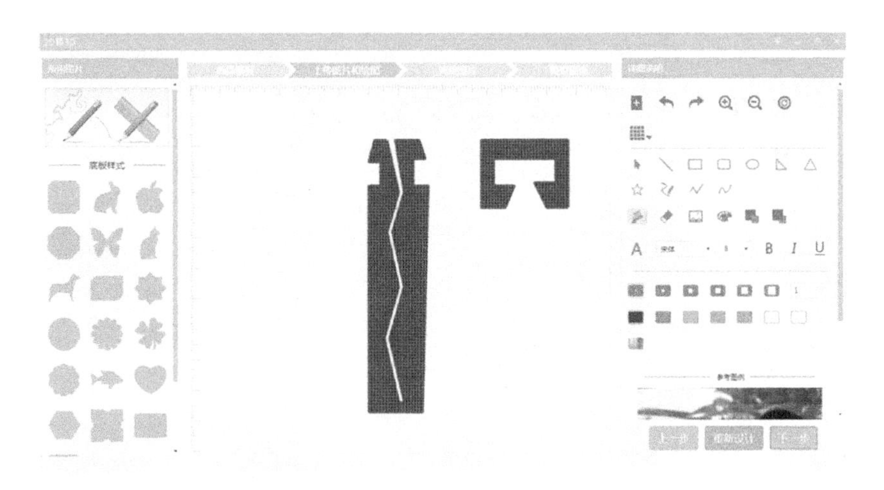

图 6–196

第四步：调整图形。

将图片在白色区域中缩放到最大，并将模型设置中的尺寸调整为 91 mm×69 mm。然后，将拉伸厚度设置为 12 mm，点击“下一步”，拉伸图片，见图 6-197。

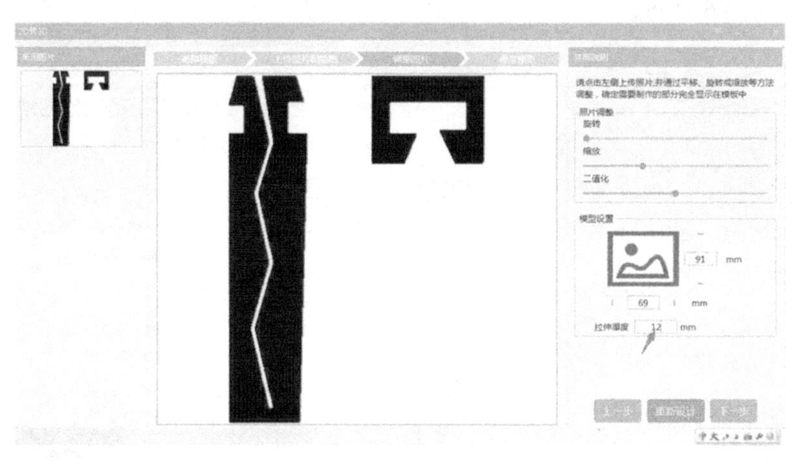

图 6-197

第五步：生成并保存模型。

3D 模型自动生成后，使用鼠标旋转、缩放进行 3D 细节查看。点击软件右下角“导出”按钮，将模型保存到想要保存的文件夹路径，见图 6-198。

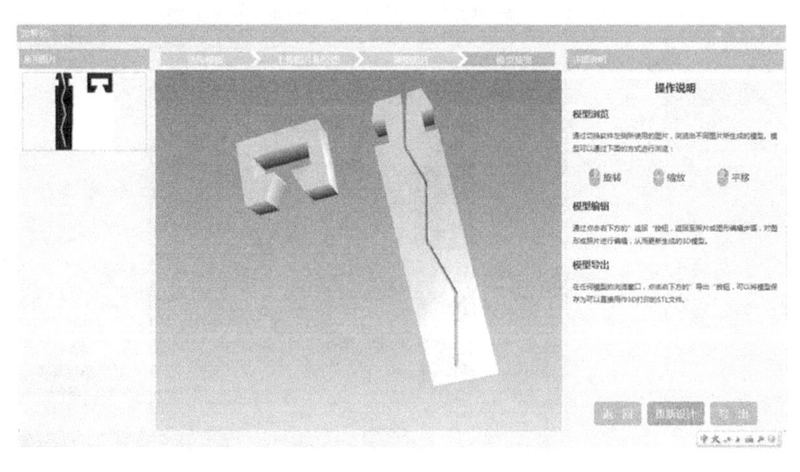

图 6-198

第六步：3D 打印并试用。

将保存的 STL 文件输入 3D 打印机进行打印，打印完毕后进行试用，一件 DIY 的创意密封夹就完成了，见图 6-199。

a.

b.

图 6-199

6.3　3D 浮雕—3DEmboss

6.3.1　入门级实例课程

1. 3D 浮雕平板

使用软件：3DEmboss 2.0　　难度系数：★　　课程时长：1 课时。

备注：设计+打印。

创意来源：透光浮雕是根据照片图形颜色深浅不同而在软件中生成不同厚度的 3D 图形，从而产生一种 3D 效果；加上光线对于不同厚度材料的透光量不同，产生 3D 透光黑白照片效果，透光浮雕是一种非常简单、常见的 3D 设计方法。

第一步：打开软件。

在桌面上找到 3D 浮雕 3DEmboss，双击鼠标打开软件，见图 6-200。

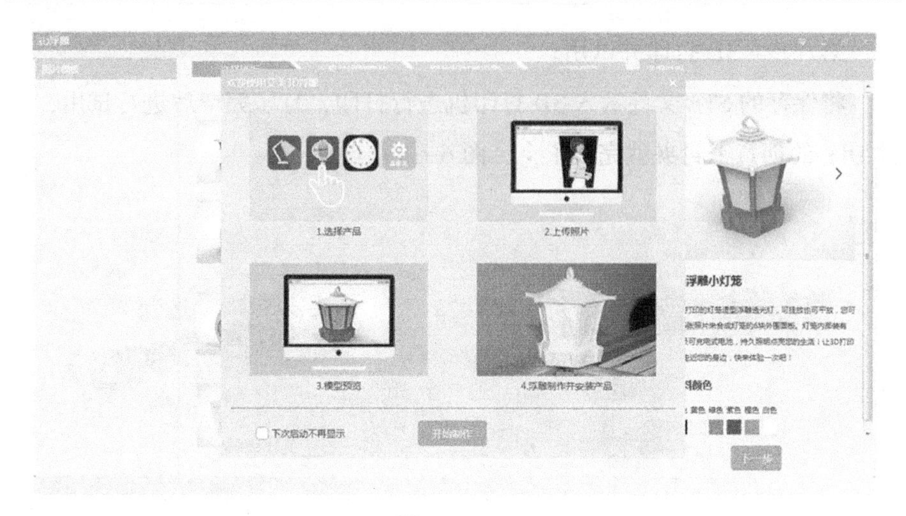

图 6-200

第二步：选择浮雕模型。

点击“开始制作”(也可勾选“下次不再显示”，避免下次再弹出这个对话框)。选择“浮雕相框”模板，点击右下角“下一步”，见图 6-201。

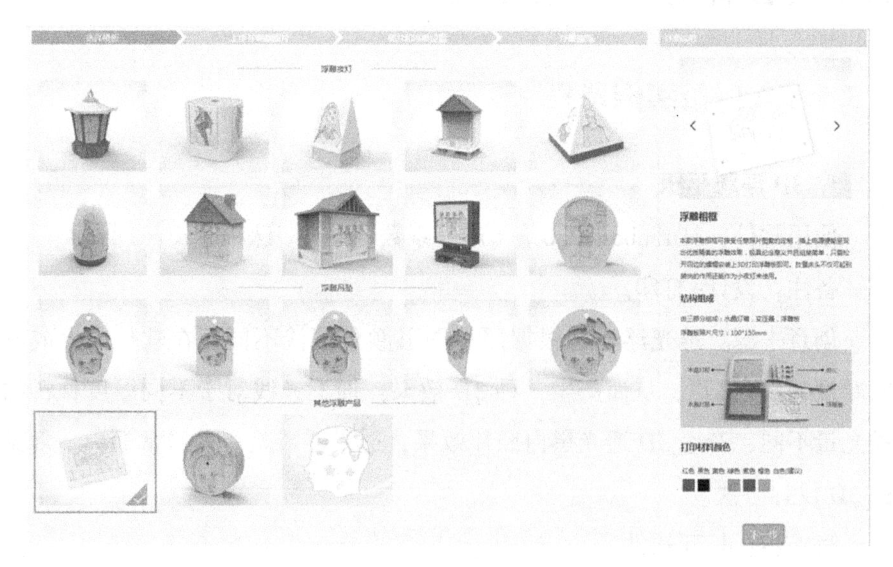

图 6-201

第三步：设计浮雕图形。

点击“选择照片”按钮，加载一张你喜欢的照片，将其放置在模板中的白色区域内，通过拖拽图片边框上的8个控制点，来调节图片的大小，直到出现满意效果为止，见图6-202。

备注：安装Shift+鼠标左键？拖拽图片控制点，可以进行等比例大小调节。

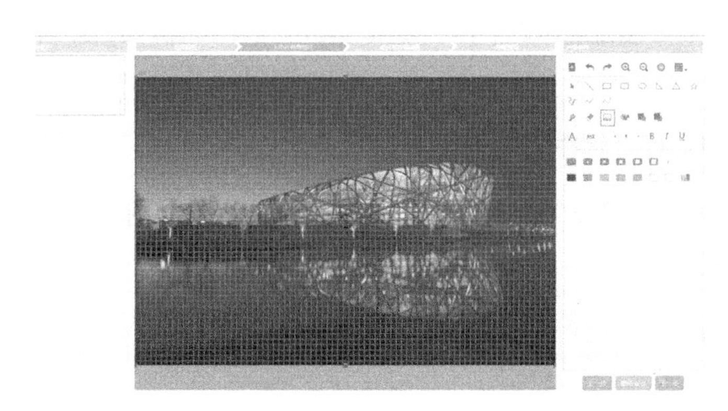

图6-202

第四步：生成浮雕。

点击右下角“下一步”，进入“图片预览”页面。再次点击右下角“下一步”生成浮雕。通过鼠标左键在3D图形区域拖拽，可以进行3D预览，见图6-203。

图6-203

第五步：保存模型并打印。

点击软件右下角“导出”按钮，将模型保存到想要保存的文件夹路径。保存的“STL”格式文件可直接输入 3D 打印机进行打印制作。

备注：为保证透光效果，浮雕版部分请务必使用白色材料来打印。

2. 3D 浮雕透光吊坠

使用软件：3DEmboss 2.0　　难度系数：★　　课程时长：1 课时。

备注：设计+打印。

第一步：打开软件。

在桌面上找到 3D 浮雕 3DEmboss ，双击鼠标打开软件，见图 6-204。

图 6-204

第二步：选择浮雕模型。

点击“开始制作”（也可勾选“下次不再显示”，避免下次再弹出这个对话框）。选择“浮雕吊坠”中的第一个模板和第三个模板，点击右下角的“下一步”，见图 6-205。

图 6-205

第三步：设计浮雕图形。

点击“选择照片”按钮，加载一张你喜欢的照片，将其放置在模板中的白色区域内，通过拖拽图片边框上的 8 个控制点来调节图片的大小，直到满意为止。

备注：安装 Shift+鼠标左键？拖拽图片控制点，可以进行等比例大小调节。

选择第一个模板调整后的图片见图 6-206。

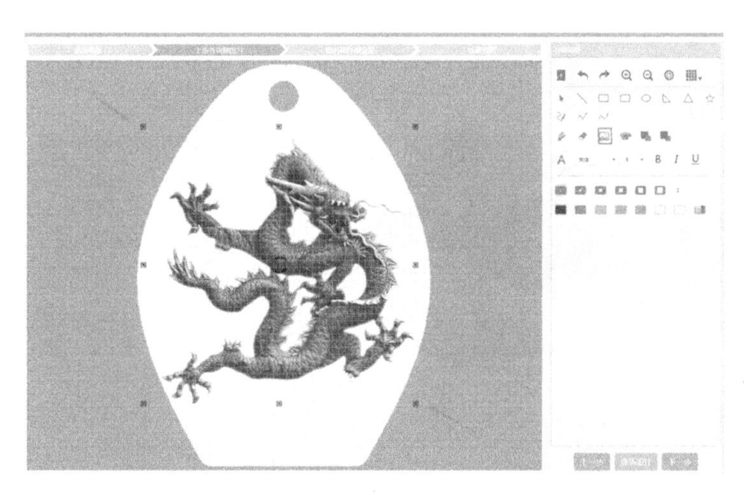

图 6-206

选择第三个模板调整后的图片见图 6-207。

图 6-207

第四步：生成浮雕。

点击右下角“下一步”，进入“图片预览”页面。

第一个模板在浮雕类型中，选择凹雕（透光）类型，见图 6-208。

备注：凹雕效果即为透光浮雕效果，凸雕效果为普通的凸起浮雕效果。

图 6-208

第三个模板在浮雕类型中，选择凸雕类型，见图 6-209。

图 6-209

再点击“下一步”，即可生成浮雕，通过鼠标左键在 3D 图形区域的拖拽，可以进行 3D 预览，见图 6-210 和图 6-211。

图 6-210

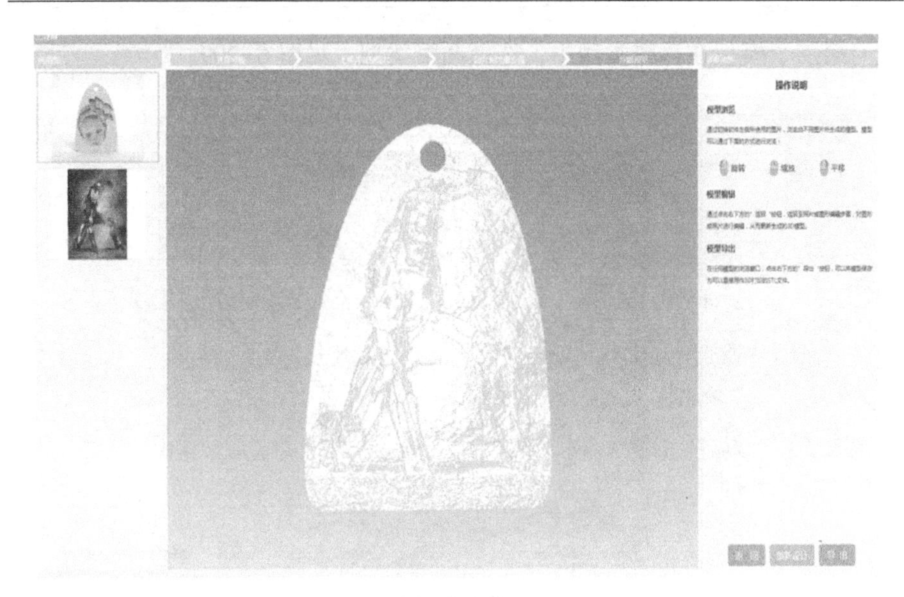

图 6-211

第五步：保存模型并打印。

点击软件右下角“导出”按钮，将模型保存到想要保存的文件夹路径。保存的“STL”格式文件可直接输入 3D 打印机进行打印制作。

备注：为保证透光效果，浮雕版部分请务必使用白色材料来打印。

6.3.2 二阶段实例课程

1. 3D 浮雕创意台灯

使用软件：3DEmboss 2.0　　难度系数：★ ★　　课程时长：1 课时。

备注：设计+打印+装配+验证。

第一步：打开软件。

在桌面上找到 3D 浮雕 3DEmboss ，双击鼠标打开软件，见图 6-212。

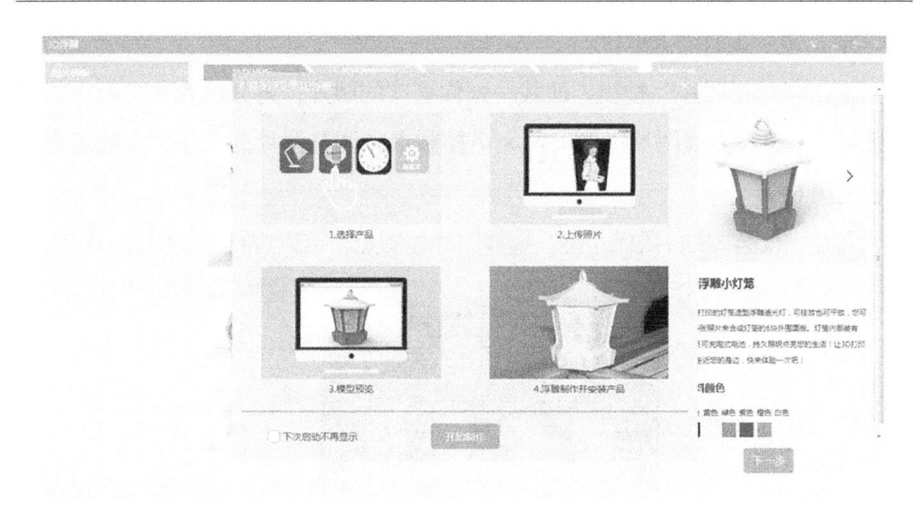

图 6-212

第二步：选择浮雕模型。

点击“开始制作”（也可勾选“下次不再显示”，避免下次再弹出这个对话框）。选择“小房子浮雕台灯”模板，点击右下角“下一步”，见图 2-213。

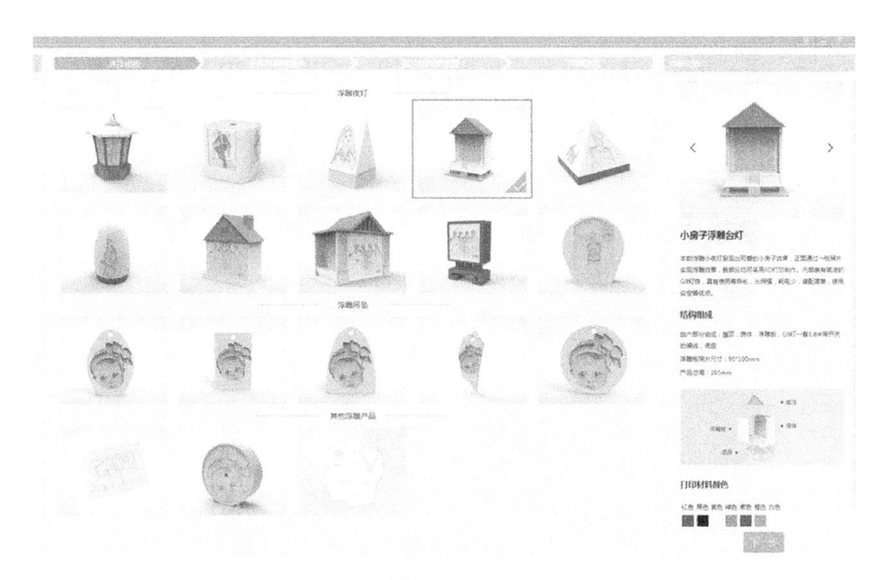

图 6-213

第三步：设计浮雕图形。

点击“选择照片”按钮，加载一张你喜欢的照片，将其放置在模板中的白色区域内。通过拖拽图片边框上的 8 个控制点来调节图片的大小，直到满意为止，见图 6–214。

备注：安装 Shift+鼠标左键？拖拽图片控制点，可以进行等比例大小调节。

图 6–214

第四步：生成浮雕。

点击右下角“下一步”，进入“图片预览”页面。再次点击右下角“下一步”生成浮雕。通过鼠标左键在 3D 图形区域的拖拽，可以进行 3D 预览，见图 6–215。

图 6–215

第五步：保存模型并打印。

点击软件右下角“导出”按钮，将模型保存到想要保存的文件夹路径。保存出的“STL”格式文件可直接输入 3D 打印机进行打印制作。

第六步：装配并使用。

该浮雕台灯共分为 5 个部分，分别用不同的颜色打印完成，如下图所示，见图 6-216。

备注：为保证透光效果，浮雕版部分请务必使用白色材料来打印。

图 6-216

将灯泡拧入配套的灯座中，并将灯座置入小房子的主体内部，见图 6-217。

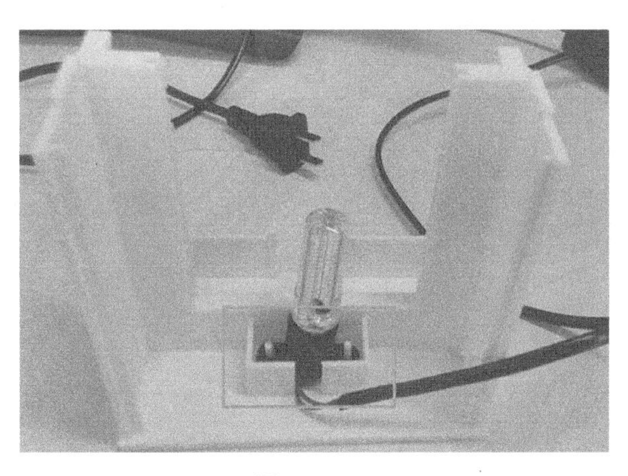

图 6-217

将部件正方形开口向下（便于线路通过），通过插槽插入房子主体内，见图 6-218。

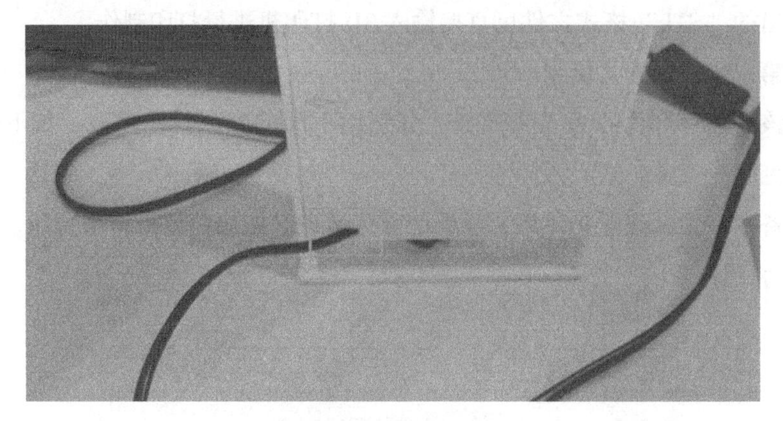

图 6-218

在房子主体前部，将浮雕板插入插槽内，见图 6-219。

图 6-219

通过卡扣结构连接底部、主体和顶部，见图 6-220。

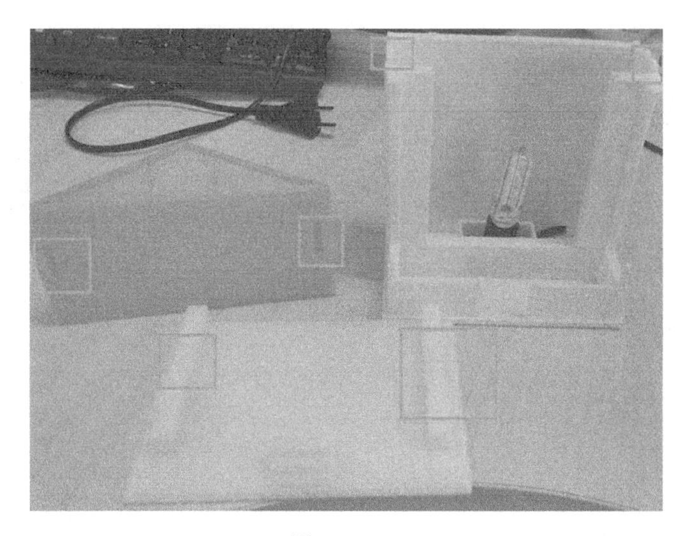

图 6-220

装配完成效果图如下，见图 6-221。

图 6-221

开灯效果图如下，见图 6-222。

图 6-222

2. 3D 浮雕炫彩小夜灯

使用软件：3DEmboss 2.0　　难度系数：★ ★　　课程时长：1 课时。

备注：设计+打印+装配+验证。

第一步：打开软件。

在桌面上找到 3D 浮雕 3DEmboss ，双击鼠标打开软件，见图 6-223。

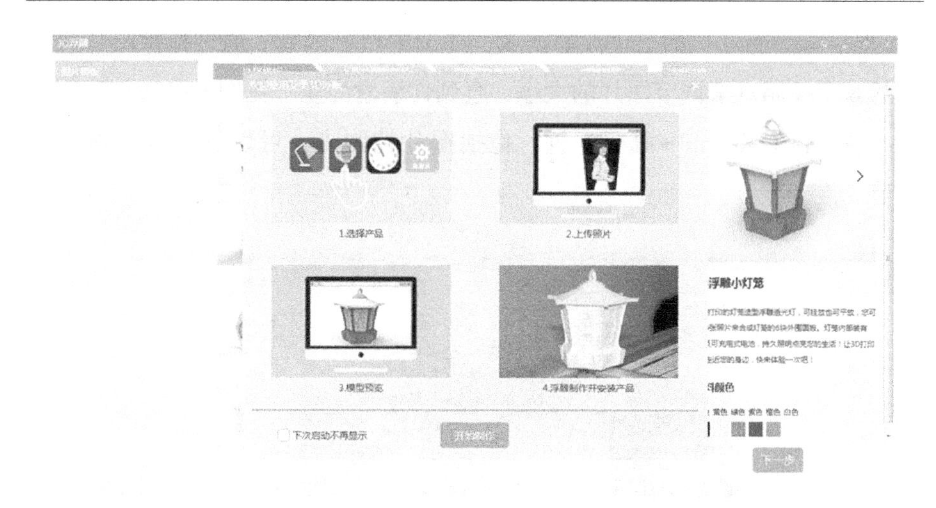

图 6-223

第二步：选择浮雕模型。

点击“开始制作”（也可勾选“下次不再显示”，避免下次再弹出这个对话框）。选择“蛋形浮雕小夜灯”，点击右下角“下一步”，见图 6-224。

图 6-224

第三步：设计浮雕图形。

点击“选择照片”按钮，逐一加载 1-3 张你喜欢的照片，分别放在

“蛋形浮雕小夜灯”的三个浮雕区域，如图中白色区域。通过拖拽图片边框上的8个控制点来调节图片的大小，直到你满意为止，见图6-225。

备注：安装Shift+鼠标左键？拖拽图片控制点，可以进行等比例大小调节。

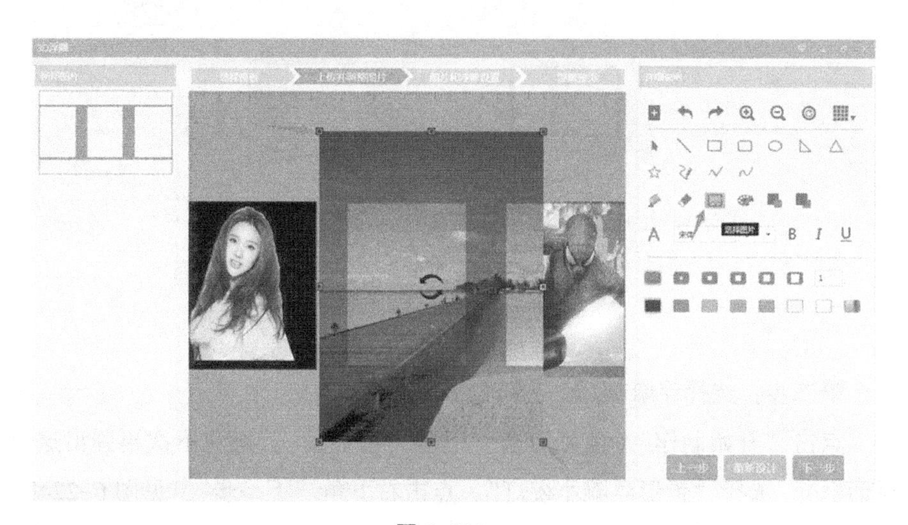

图6-225

调整好位置和比例的图片，见图6-226。

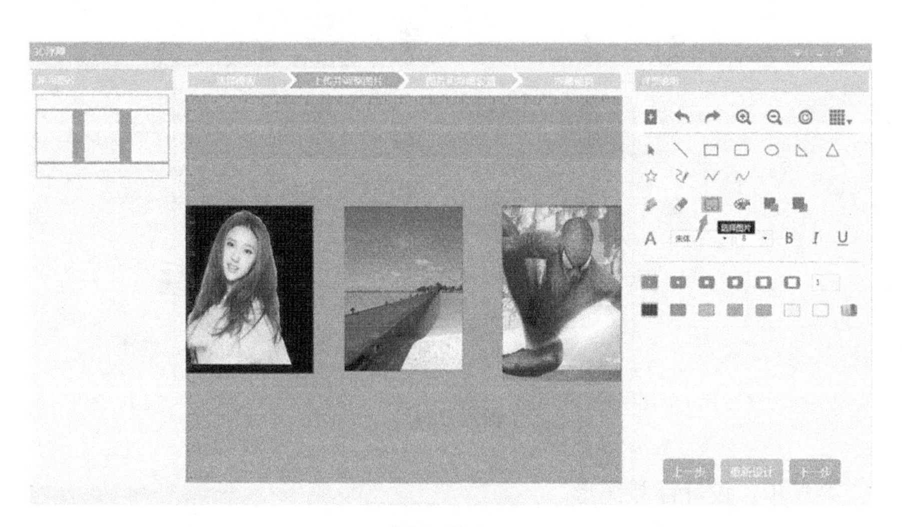

图6-226

可以在任何一个浮雕区域输入文字等，也可以有浮雕效果见图 6-227。

图 6-227

第四步：生成浮雕。

点击右下角“下一步”，进入“图片预览”页面。再次点击右下角“下一步”生成浮雕。通过鼠标左键在 3D 图形区域拖拽，可以进行 3D 预览，见图 6-228。

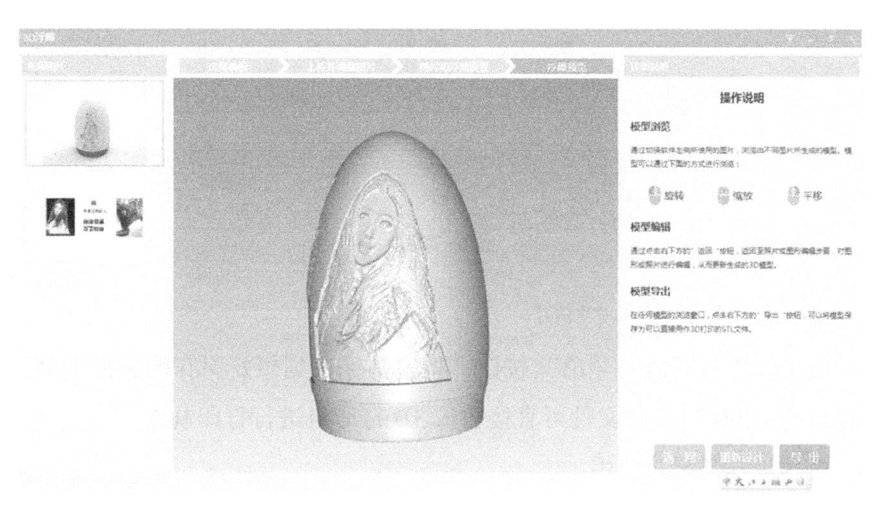

a.

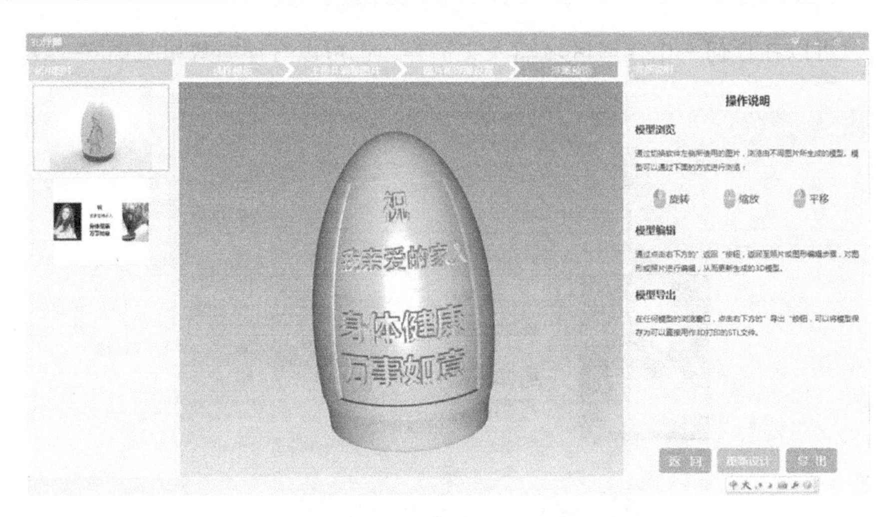

b.

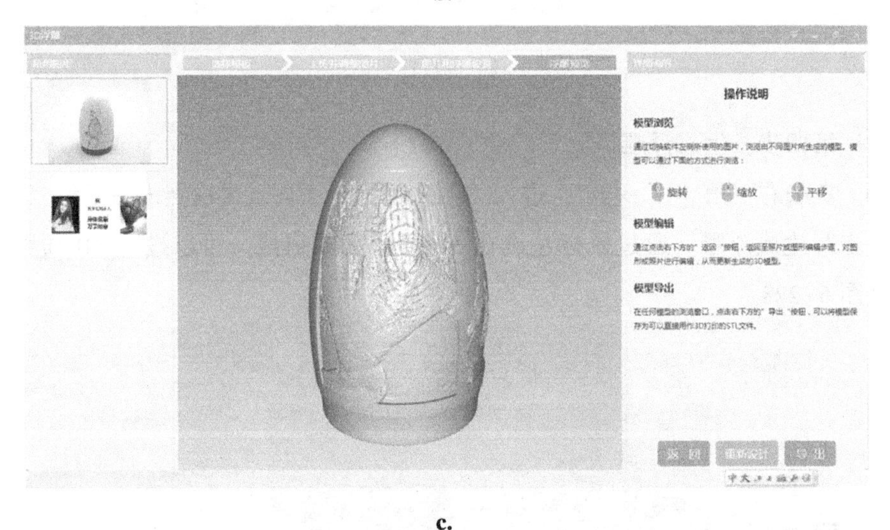

c.

图 6-228

第五步：保存模型并打印。

点击软件右下角“导出”按钮，将模型保存到想要保存的文件夹路径。保存出的“STL”格式文件可直接输入 3D 打印机进行打印制作。

第六步：装配并使用。

该浮雕台灯共分为两个部分，分别用不同的颜色打印完成，如下图所示。

备注：为保证透光效果，浮雕版部分请务必使用白色材料来打印。

6.4　3D 积木—3DCube

6.4.1　入门级实例课程

1. 创意工具设计（平面）

使用软件：3DCube 2.0　　难度系数：★　　课程时长：1 课时。创意工具设计，见图 6-229。

备注：体验+设计+打印 +上色。

图 6-229

2. 积木动物

使用软件：3DCube 2.0　　难度系数：★ ★　　课程时长：1 课时。积木动物，见图 6-230。

备注：体验+设计+打印 +上色。

a.

b.

图 6-230

3. 积木植物

使用软件：3DCube 2.0　　　难度系数：★ ★　　　课程时长：1 课时。积木植物，见图 6-231。

备注：体验+设计+打印 +上色。

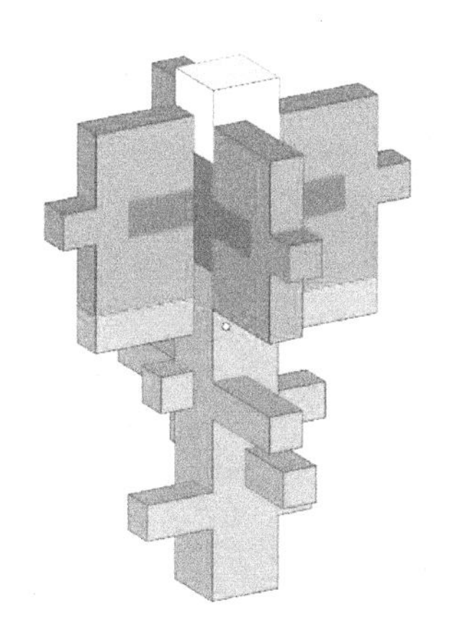

图 6-231

4. 积木小房子

使用软件：3DCube 2.0　　　难度系数：★ ★　　　课程时长：1 课时。积木小房子，见图 6-232

备注：体验+设计+打印 +上色。

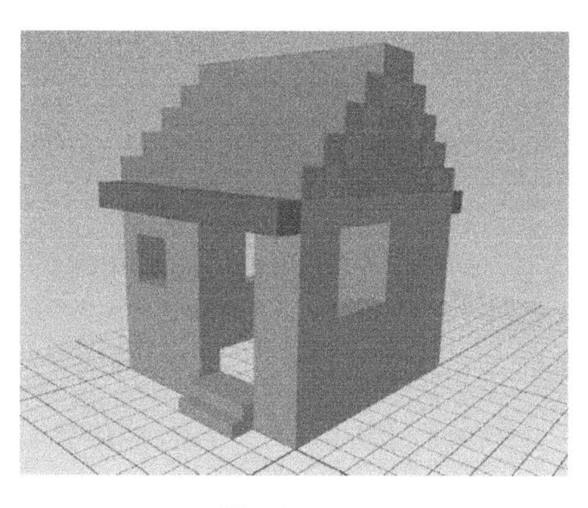

图 6-232

6.4.2 二阶段实例课程

1. 积木小汽车

使用软件：3DCube 2.0　　难度系数：★ ★ ★　　课程时长：2-3 课时。积木小汽车，见图 6-233。

备注：设计+打印+上色。

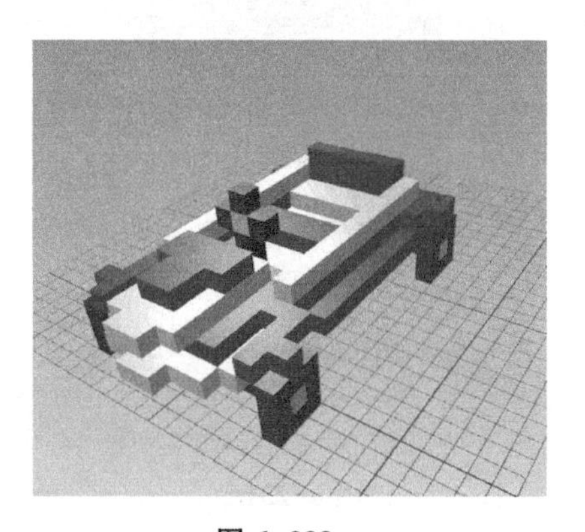

图 6-233

2. 积木小飞机

使用软件：3DCube 2.0　　难度系数：★ ★ ★　　课程时长：2-3 课时。积木小飞机，见图 6-234。

备注：设计+打印+上色。

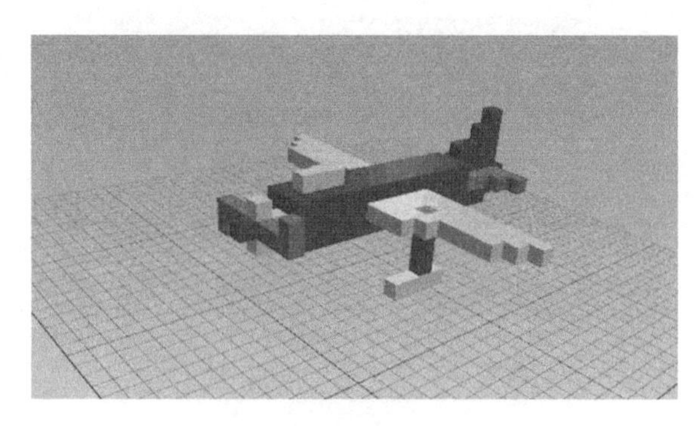

图 6-234

3. 房屋内部结构

使用软件：3DCube 2.0　　难度系数：★★★★。房屋内部结构，见图6-235。

课程时长：2-3课时

备注：设计+打印+上色。

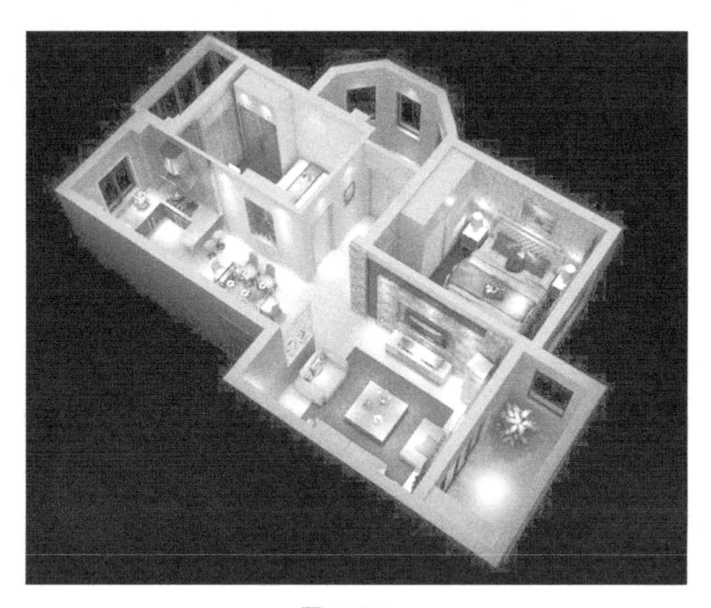

图6-235

4. 古典城堡

使用软件：3DCube 2.0　　难度系数：★★★★

课程时长：3-4课时。

备注：设计+打印+上色。

5. 现代别墅

使用软件：3DCube 2.0　　难度系数：★★★★。现代别墅，见图6-236。

课程时长：3-4课时。

备注：设计+打印+上色。

图 6-236

6.4.3 三阶段实例课程

10. 积木场景—建筑群

使用软件：3DCube 2.0　　　难度系数：★ ★ ★ ★ ★。积木场影—建筑群，见图 6-237。

课程时长：5 课时

备注：设计+打印+上色。

图 6-237

6.5　3D 模型库

3D 模型库主界面见图 6-238。

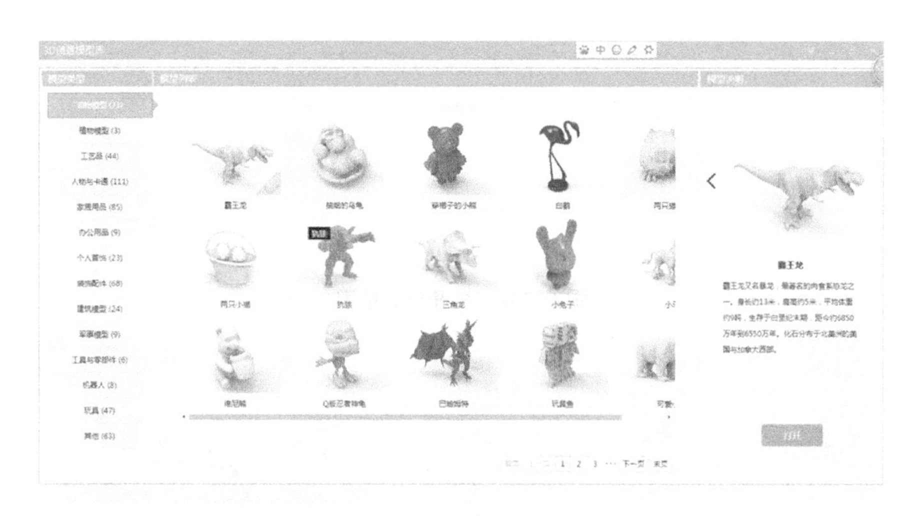

图 6-238　3D 模型库主界面

3D 打印模型库汇聚了数十个种类，1000 余件各种创意 3D 模型，有助于中小学生前期熟悉 3D 打印技术，培养他们的兴趣与动手能力。3D 创意模型库包含大量的装配模型，在训练中小学生操作 3D 打印机的同时，也可用于训练中小学生后处理、模型装配等动手能力。所有 3D 创意模型均经过工程师检查，全部可以用于 3D 打印。打开查看模型见图 6-239，导出模型并应用打印见图 6-240。

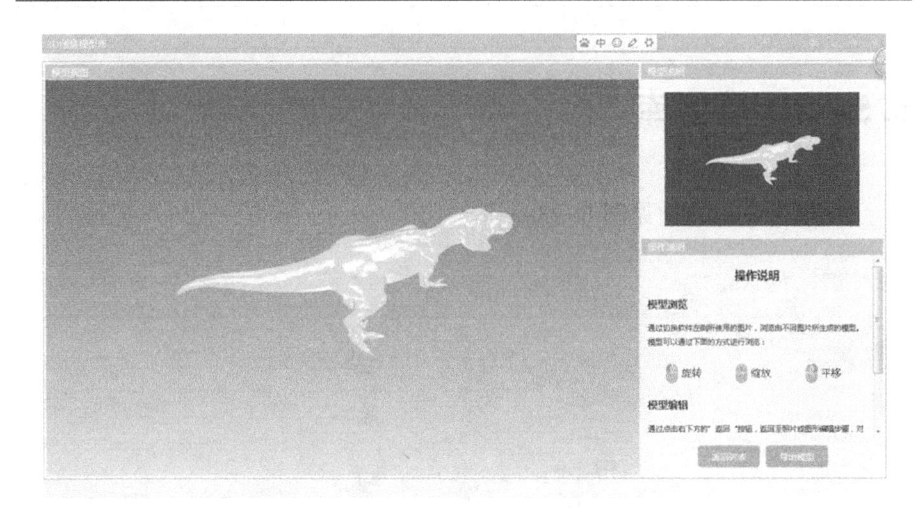

图 6-239　打开查看模型

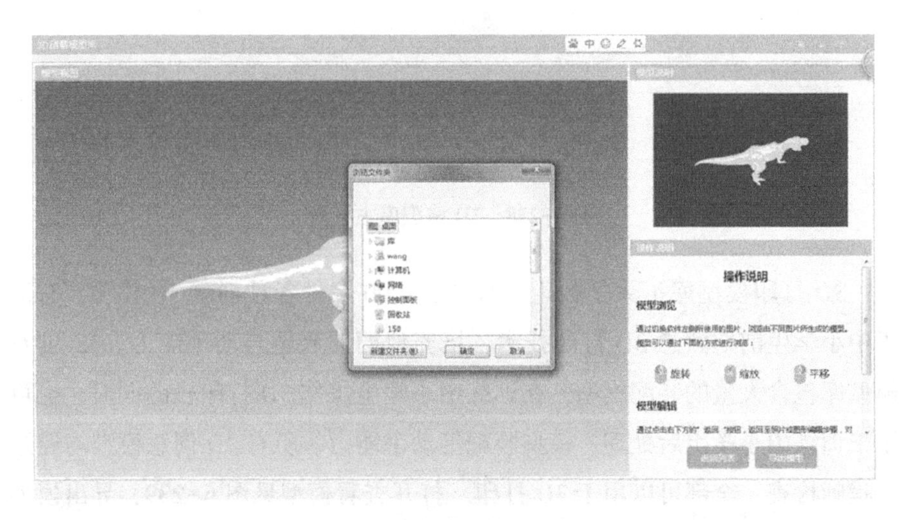

图 6-240　导出模型并应用与打印